地质勘查安全生产标准化丛书

湖北省安全生产科技专项资金资助

地质勘查生产安全事故案例选编

赵云胜　周兴和　曾　旺　陈占明　主编

气象出版社
China Meteorological Press

内容简介

本书是《地质勘查安全生产标准化丛书》的一个分册，选编了一些典型的野外科技工作事故案例、地质市场及多种经营作业事故案例、地质工程施工事故案例、道路交通事故案例、地质野外作业事故案例，并汇总列举了某地质勘查单位2010—2016年事故案例，最后对地质勘查事故进行了分析，并提出了相应的预防措施。

本书可供地质勘查单位从业人员使用，也可供地质类相关专业人员参考。

图书在版编目(CIP)数据

地质勘查生产安全事故案例选编 / 赵云胜等主编. — 北京 : 气象出版社，2018.12
(地质勘查安全生产标准化丛书)
ISBN 978-7-5029-6885-4

Ⅰ.①地… Ⅱ.①赵… Ⅲ.①地质勘探-安全事故-案例-汇编 Ⅳ.①P624.8

中国版本图书馆CIP数据核字(2018)第287611号

地质勘查生产安全事故案例选编
赵云胜　周兴和　曾　旺　陈占明　主编

出版发行：气象出版社
地　　址：北京市海淀区中关村南大街46号　　**邮政编码**：100081
电　　话：010-68407112(总编室)　010-68408042(发行部)
网　　址：http://www.qxcbs.com　　**E-mail**：qxcbs@cma.gov.cn
责任编辑：彭淑凡　　**终　　审**：张　斌
责任校对：王丽梅　　**责任技编**：赵相宁
封面设计：楠竹文化
印　　刷：三河市百盛印装有限公司
开　　本：787 mm×1092 mm　1/16　　**印　　张**：6
字　　数：154千字
版　　次：2018年12月第1版　　**印　　次**：2018年12月第1次印刷
定　　价：30.00元

编委会

前　言

在湖北省安全生产监督管理局的支持下，湖北省地质局和中国冶金地质总局中南局在我国率先开展了地质勘查（简称地勘）单位安全生产标准化建设，有力地促进了全局的安全生产工作。随后，福建、青海、广西等省（区）地质勘查单位的安全生产标准化建设也取得了显著成效。为了总结地勘单位安全生产标准化建设经验，促进全国地勘单位之间的交流，我们策划出版了本丛书。

本丛书包括五个分册：《地质勘查安全生产常用法规与标准汇编》《地质勘查安全生产管理制度与操作规程选编》《地质勘查生产安全事故应急预案选编》《地质勘查单位安全生产标准化规范与实施》《地质勘查生产安全事故案例选编》。

本丛书是集体智慧的结晶，赵云胜教授、周兴和高工、曾旺高工、陈占明高工负责丛书的整体策划，对丛书的框架与内容作了详细设计；研究生赵婧璇、李欢、郭颖、李丹阳、罗聪、黄莹、史小棒、陈杉、郭联欢参加了丛书的编写工作。湖北、青海两省地勘单位的安全干部为丛书的出版作出了不可或缺的贡献。实际上，本丛书总结的主要是湖北、青海两省地勘单位安全生产标准化建设的成果。

地球科学探索是人类永恒的主题，地质勘查与地勘安全在其中扮演了重要角色。愿本丛书的出版为地质勘查安全生产作出微薄的贡献，愿地质勘查工作者人人平安！

赵云胜

2018年12月

目　录

第一部分　典型野外科技工作事故案例

案例1　彭加木失踪

一、概况

1964—1980年，科学家彭加木和其他科学工作者先后三次在罗布泊进行科学考察，为国家寻找到了许多稀有的宝藏，填补了我国一些重大科研领域的空白，为我国综合开发罗布泊做了前瞻性的准备。但这位科学家却在1980年第三次考察罗布泊的过程中不幸失踪。国家先后四次拉网式地寻找，至今搜寻无果。

二、经过

1980年6月5日，彭加木带领中国罗布泊科学考察队，按计划完成了史无前例的纵贯罗布泊湖底的任务。在米兰农场小憩6天后，考察队准备沿古丝绸之路南线再次横贯罗布泊地区，继续由库木库都克向红柳沟展开考察，然后取道敦煌去乌鲁木齐，以结束这次野外考察活动。

6月16日下午2时许，考察队来到库木库都克以西8千米处。此时，车上所带的汽油和水都几乎耗尽，按计划仍有400千米路程。经过一下午的寻找，未在附近区域找到水源。晚上，考察队开会决定，向当地驻军发电报求援。彭加木起先并不同意发电报求援，只希望自己找水。因为当时向当地驻军求援送水的话要用去大约7000元的资金，这在当时是一笔庞大的数目，最后在大家的劝说下才同意发出电报，但内容不是要水，而是汇报了当时他们严重缺水的情况。彭加木亲自起草了电报稿："我们缺水和油，剩下的水和油只能维持到明天。"

第二天上午9时，部队回电同意给予援助物资，并要求提供营地坐标。下午1时，司机王万轩到车里取衣服时，在一本地图册里发现一张纸条，看后不由大吃一惊："我往东去找水井。彭。6月17日10:30。"

彭加木冒着50多摄氏度的高温单人找水，这在沙漠里是极其危险的。一直到当天晚上，考察队员守在营地等待着，却不见彭加木回来。

6月18日和19日两天，全体科考队员和司机等9人沿着脚印连续找了两天，队员马仁文在离营地东北10千米处的一个芦苇包上发现有彭加木坐下休息的印记，一张奶油糖纸夹在芦苇杆上，这正是他在米兰农场买的那种糖。但很快遇到盐壳板，脚印消失，再未找到。考察队当即决定，由陈百禄坐吉普车去追回彭加木。但走了几千米后，脚印随着越来越坚硬的盐碱地也消失了。吉普车按彭加木前进的方向开出三四十千米后，又回头按“之”字形路线寻找，但是也没有任何收获。

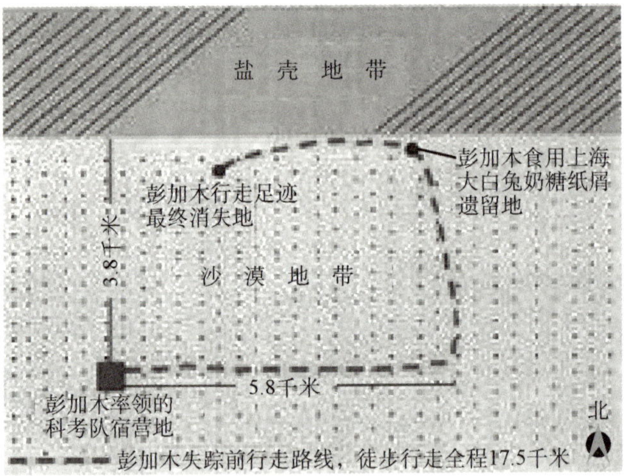

图1 彭加木行走路线图

天黑了，他们被迫返回营地。考察队连夜召开了全体队员会议，决定第二天继续寻找，同时电告了大本营当天寻找的情况。

当夜，考察队员们拾来了大量的红柳和梭梭柴，在几个沙包上燃起了熊熊的篝火。

他们把所有的车辆全部集中到一个制高点——沙丘上，一律车头向上，每隔一小时，车灯同时打开，强烈的灯光向上互相交叉射向夜空。

同时，每隔半小时向天空发射几发信号弹，红的、绿的信号弹在夜空中划出一道道耀目的光弧。

“按照彭加木当天全速步行能力计算，无论他当时处在哪个方位，绝对能看到如此明亮的灯火标。”

但彭加木依旧杳无音信。

三、搜救

彭加木失踪后，科考队立即报告给相关部门。中央和新疆维吾尔自治区党政军部门，采取了一系列紧急寻找措施。

6月18日之后几天，新疆军区派出数十架次的“直-5”和“运-5”飞机，以50～100米的高度超低空飞行，围绕库木库都克中心，在东西长140千米、南北宽60千米的地带反复搜索。

6月20日，一支由28人组成的军民联合搜寻小分队乘车赶到“720”基地，然后由西向东前往库木库都克方向寻找。

与此同时，由敦煌派出的地面部队，也沿着疏勒河故道，由东向西朝着库木库都克方向搜寻。

6月22日，上级再次决定扩大救援行动，命令驻罗布泊附近的一支部队组建地面搜索部队，火速赶到库木库都克，和科学考察队接上头后，再次进入疏勒河故道，一直向甘肃敦煌找去。

23日，这支临时组建的部队出发了，经过三天三夜的急行军，于26日清晨到达库木库都克，30日抵达甘肃敦煌。这支部队装备了17部具有越野性能的军用卡车，满载着电台、背包、帐篷、汽油、饮水、干粮、药品和救护器材等，浩浩荡荡挺进了罗布泊。

6月20日至26日期间，当地部队和科考队员出动136人次，空军还出动9架直升机、3架安-2型飞机，均以失败而告终。

6月底7月初，搜寻进入高潮，地面上黑压压的人群和天上密密麻麻的飞机密切配合，几乎将出事点方圆数百里“梳头式”地搜寻了个遍。

为配合这次联合大搜寻，有关部门还从上海、南京和济南借用了6条嗅觉极为灵敏的军犬。

7月7日至8月2日的第三次寻找，出动181人，汽车48辆，飞机69架次，搜索地面100多小时，搜索范围4000多平方千米，连地上的老鼠都可以看到，却没有发现彭加木的任何信息。

尽管付出了巨大代价，仍没有找到彭加木。人们从忧虑、焦急，开始感到无能为力。

后来，中国科学院新疆分院派出一支小分队，在原考察队宿营地，树立了一个高1.05米、宽0.7米预先用水泥制成的永久性标志，上面写着：“一九八零年六月十七日彭加木同志在此科学考察时不幸遇难。”

1980年11月初，根据中国科学院党组的指示，为了平息社会上的谣言风波，决定再一次寻找彭加木同志。第四次进入罗布泊的队伍，由中国科学院新疆分院、新疆军区通讯兵部队等八个单位共69人组成，配备大小越野汽车18辆。新疆分院副院长、党委副书记王熙茂同志任现场总指挥。彭加木的夫人夏叔芳随队住在敦煌指挥部。彭加木的儿子彭海以及上海生物化学研究所办公室主任朱相清随队前往现场帮助寻找。为了保障寻找队伍绝对安全，第四次寻找队在敦煌建立指挥所，敦煌指挥所与寻找分队保持无线电联系；发生紧急情况时的救援，由军区空军指挥部临时派出飞机担任；有关空地联络信号等也作了明确规定。军区和分院抽调水罐车、油罐车、电台车、物资装备车、吉普车共 18 辆，携带电台 3 部、帐篷 6 顶、行军锅 2 口、信号枪 2 支、信号弹 4 个基数和大量生活用品。

队伍从 11 月 10 日由敦煌进入罗布泊地区到 12 月 20 日撤出，前后共计 41 天。寻找地区以彭加木同志失踪前的宿营地——库木库都克和脚印消失处为中心，沿疏勒河故道，西起吐牙以西 6 千米，东到科什库都克，南北宽 10～20 千米，总共寻找面积为 1011 平方千米，直接参加这次寻找的有 1029 人次，平均每人每天寻找近 1 平方千米。

第四次寻找工作采取拉网战术，一寸不漏。分为四个阶段进行：第一阶段是从彭加木脚印消失处的东北面开始到“八一井”（又称“八一泉”）以西地区，寻找 3 天；第二阶段是脚印消失处的北面和西北面，即从“红八井”到“红十井”地区，寻找 7 天；第三阶段是脚印消失处的南面和西南面，即从库木库都克到吐牙以西 6 千米和以东 10 千米的地方，寻找 9 天；第四阶段是脚印消失处的东面和东南面，即从羊塔克库都克到科什库都克，寻找 12 天。

在寻找方法上，考虑到夏季的三次寻找，因受气候条件和油水供应等问题的限制，为了抢救活人，采取的是跑线为主，点、线结合的方法，面上没有来得及仔细寻找。这次他们拟定了拉网战术，点、线、面结合，以面为主的方法，步步为营，全面寻找。

把直接参加地面寻找的 35 人，分为四个小组，每天每组按划分地段排成一线，中间有一个人携带罗盘或手持红旗，掌握寻找方向；人与人保持 50～80 米的间距，齐头并进，找完一片再找第二片；遇上沙丘、芦苇包、雅丹包，绕上一圈，不留空白；遇到低凹地和流沙地，用钉耙进行扒寻；每天都在找过的地段插上小红旗作为标志，防止遗漏和重复。除用拉网方法对疏勒河谷地进行全面寻找外，对脚印消失处周围的 20～30 千米，加大了寻找密度，进行了重点寻找。最后阶段还组织了 7 人小分队，乘两部汽车，以“八一泉”为中心，沿克孜勒塔格山边沿，向东西方各寻找 20 多千米，找了几十条大大小小的山沟，有的大山沟汽车开进去 10 多千米进行寻找，也没有什么结果。寻找中遇见了两副骆驼骨架，拣到了几百年前的四个驼鞍子和清乾隆时期的铜钱、串珠、海贝、马掌和两件陈腐的民族式皮大衣。

然而第四次寻找，毕竟时隔 5 个多月，彭加木留的脚印早已模糊不清，原来的现场早已被风沙和前三次寻找时人们留下的脚印破坏得面目全非。

寻找后期，有 10 多位同志病倒。

结果是依旧下落不明。不但没有彭加木的身影，甚至连一件遗物都没有找到。

2004 年 11 月唐守业率领着 46 名探险队员，来到天寒地冻的罗布泊，第五次寻找彭加木。2006 年 4 月他又率领 43 名探险队员来到罗布泊，第六次寻找彭加木。

据有关人员透露消息，并没有寻找到什么有利线索。

人们关于对彭加木的寻找从来就没有停止过。

四、思考

野外工作的困难和艰险一直在考验和磨砺着那些奋斗在一线的工作人员，祖国和人民不会忘记他们，不会忘记彭加木先生的贡献，也不会忘记他的精神。可是，这里的教训我们也要铭记。

最让人心痛的、后悔的，是那些生命或血的代价，我们只能吸取教训，避免悲剧重演。

倘若我们有严格的管理制度，以及监控管理制度实施的方法，那么彭加木先生是不是就不会野外单人工作了？

倘若资金富裕，考察队携带了充足的水和油等必备物资，科考人员是不是就不至于为水和油担忧，更不至于单人出行找水？

倘若有完善的通信和定位系统，我们是不是可以更主动地掌握队员信息，即使是救援搜寻，我们是不是也可以不至于太被动？

倘若彭加木单人出走时配备了相当的自卫工具，他是不是就能坚持到救援人员的到来，甚至平安归来？

为避免彭加木失踪案的类似事故再次发生，我们必须吸取教训，做到以下几点：

1. 为野外科学工作人员配备可靠的通信设备和定位系统。通过通信设备和定位系统，如手持 GPS、对讲机、卫星电话，随时了解外出工作人员的位置，避免出现无法联络的被动状态。对野外工作人员来说，其工作地点一般远离城镇，通信条件极差，一旦遭遇突发事件，其通信设备应始终保持畅通，并保证定位系统处于正常工作状态，以便救援人员及时有效地进行救援。

2. 从事野外工作前，做好准备工作。检查工作人员配备的食物和水等生存用品、劳保用品是否齐备妥当。

3. 提高野外科学工作人员的装备建设，将装备配备规范化。单位应为野外科学工作人员配备野外生存指南、救生包及足量的自卫工具、御寒工具和急救药品等。

4. 加强野外工作人员的安全培训和教育，如野外作业的能力以及应对野兽攻击等突发情况的处理能力的培训。遵循“安全第一、预防为主”的安全工作方针，合理安排工作，作业人员不得违章冒险或单人作业。协调好上下相邻的工作，并按约定时间和路线返回约定的营地。夜晚时间，严禁任何人离开营地。

案例2 青海可可西里3名地质调查人员失踪

一、概况

2012年2月17日，陕西地矿总公司承担了国家基础地质调查任务“赤布张措湖重力调查”项目，下属的物化探分公司正在可可西里进行正常的野外地质调查（以下简称“地调”）。2月17日9时30分，高崇民、杨能昌、荣浩工作班组受青海项目部指派，从项目分队西藏自治区安多县色务乡出发，到40千米外的赤布张措湖西北岸边作业，计划2月19日晚归队。到19日晚上11时30分，3人未能按原定计划返回驻地，也没有接到他们发出的任何求救电话，且项目部无法与其联系，3人连同车辆、设备同时失踪。

陕西、青海等地区、部门出动近千人展开联合搜救，目前仍未有下落。

二、经过

陕西地矿总公司物化探分公司的青海项目“青海1∶25万赤布张措幅、温泉兵站、直根尕卡幅区域重力调查”，是国土资源大调查的一项重要任务。调查工区最近距格尔木市区约500千米，最远超过650千米。项目工期跨三个年度，从2010年12月开始，计划2012年4月完成野外作业。在赤布张措湖一带，共部署1200个测点，杨能昌、高崇民、荣浩的工作班组分配了300个，当时已经完成了293个，只要完成剩下的7个测点，赤布张措湖调查项目的胜利指日可待。

据了解，3名失踪队员作业区域位于可可西里，面积为27490平方千米，区域湖泊、沼泽水系繁多；工作区域南部属于唐古拉山脉，存在大量现代冰川，平均海拔5000米，最高处达到6621米，调查区高寒，最低温度零下37摄氏度，严重缺氧，氧气含量不足50%，是典型的大陆高原气候，是地质工作少有的空白区域之一。工作区域内一旦天气暖和，在沼泽遍地的可可西里，地质队员几乎寸步难行，因此，野外作业必须在冬季才能完成采集工作。

2月17日9时30分，杨能昌一行3人的工作小组受项目部指派，乘坐1辆北京切诺基，随车携带重力仪1台，大GPS 1台，无线电台1台（通信范围15千米），手持GPS 2部，卫星电话1部，以及7到10天的粮食，另外还有木板木块、钢丝绳、睡袋、棉被、高压锅、喷灯等，以及一些其他的自救设施和简易的生活工具，前往距西藏自治区安多县色务乡约100千米附近开展工作，计划3天完成，19日返回驻地。但是到 19 日 23 时 30 分，未能按原定计划返回驻地，也没有接到他们发出的任何求救电话，且项目部无法与其联系，3 人连同车辆、设备同时失踪。

三、搜救

2 月 20 日清早，项目部全体人员停工，组织 4 个救援小组共 12 人的搜救队展开搜救。与此同时，在 20 日下午报告安多县色务乡政府请救支援。沿着杨能昌班组的工区向西出发，逐条线路搜寻，可是直到天黑也没有任何线索和信息。

2 月 21 日，乡政府和项目部同时搜救，搜到下午两点半仍无所获。并于下午报告安多县县委、县政府。县委、县政府立即采取行动，组织牧民、派出所以及乡政府干部等组成搜救队。结合项目部的搜救小组，共 6 个搜救小组，分头在杨能昌班组工作区赤布张措湖西北约 400 平方千米搜救。连续搜救 3 天，共出动 236 人，15 辆汽车，10 辆摩托车，还是没有发现任何踪迹。

23 日开始，搜救队加大了搜救范围，每天组织 100 余人，调集 10 余台车辆，开展搜救。在获知 3 人失踪情况后，中国地质调查局、青海省国土资源厅、西安地质调查中心、海西蒙古族藏族自治州及格尔木市政府、陕西省地矿总公司积极应对，分别启动应急预案，全力以赴展开搜救。

根据国土资源部和青海省政府相关领导的批示要求，2 月 23 日 18 时，青海省国土资源厅成立了搜救指挥部，24 日成立了格尔木指挥部和野外搜救队，同时充分发挥当地牧民的地域熟悉度较高的优势，联合政府和当地人民一起搜救。

中国地质调查局、西安地质调查中心派工作人员飞赴西宁和格尔木，参与和指导应急搜救工作。25 日，指挥部重新制订搜救方案和具体计划，扩大搜救范围 980 平方千米，加密搜寻路线。最多一天出动 300 余人次，50 余辆车。

26 日，格尔木武装部派两台车参与搜救工作，在作业区内展开两次拉网式排查。至此，杨能昌等人已失踪 7 天，搜救没有任何消息。参加搜救的牧民猜测，他们有可能掉进了赤布张措湖。

搜救区属于高寒地带，最低温度零下 37 摄氏度，昼夜温差大，天气也比较恶劣，搜救队员们也面临着严峻考验，因此，有人建议搜救必须科学高效。27 日，青海省国土资源厅搜救指挥部和有关专家召开紧急会议，建议采用卫星遥感技术搜集信息。通过事发前后的新旧信息对比，发现事发地核心区变化情况，筛选出可疑点或者物体，以确定靶区，确保搜救排查的针对性，但是最终结果并不理想。

还有人建议采用军用直升机搜救，但是由于飞行距离过短，燃油受限，而且海拔高、气候恶劣、飞机起降困难等原因，达不到飞行搜救的技术要求。

最后还是采用地面搜救，最为简单直接。截至 27 日，完成核心区域 400 平方千米约 75％的搜寻，未发现线索。28 日，由于救援地区海拔高，部分队员出现高原反应，搜救组进行调整。搜救工作主要以增援的两个救援小组及可可西里赤布张措湖区项目部人员为主。29日，野外前线营救指挥部分两个搜救小组进行搜救，在400平方千米的基础上，扩大搜救范围，全力搜救失踪人员。截至此时，陕西、青海两省近20余家单位联合搜救了12天，出动搜救人员963人次，车辆91车次，共完成核心区域及外围累计面积为5436平方千米，均未发现失踪人员线索。

从3月1日开始，因当地下起小雪，搜救区域道路很难正常通行，搜救工作受阻。3月2日，指挥部决定对已经搜索的区域进行二次搜索，加大原有搜索的密度。随着新一轮搜救工作的开展，新增救援队伍57人，组成5个搜寻小组，驾驶19辆车，进行定点搜寻，对重点可疑区域进行一一排查。发现两个可疑线索，但均为搜救人员自己所遗留的，仍没发现3名失踪人员的任何踪迹。由于出事地点海拔较高，参与搜救人员出现不同程度的高原反应，指挥部决定采取轮换制，总共有青海、西藏、陕西3省（区）的千余名搜救人员在事发地点附近搜救。轮换制可以保证搜救行动的持续不断，然而第二天，仍有人因病撤离现场。3月3日，蓝天救援队启程前往核心区域进行搜救，随时准备对赤布张措湖进行破冰水下搜救。此外，陕西地矿总公司的34名搜救队员从西安启程，前往西宁。截至3月5日，蓝天救援北京队、新疆队、西宁队、四川队已抽调专业高原搜救人员相继赶到搜救区域增援。到3月7日，原有的6个搜救小组还剩下孙海轩带的第一小组，带队完成了洞错湖边—孔纳木南山—勒雅日浪包日的搜救任务。

他们3人的失踪，经过前期搜救、应急搜救、应急搜寻几个阶段，地面出动直接搜救1063人次，搜救车辆126车次，共完成核心区及其外围搜寻面积2600平方千米，是核心区域的6倍多，累计面积6300多平方千米，同时，重点区域排查过两到三次，均无线索。杨能昌班组所携带的粮食只能维持7到10天，生还的希望很渺茫。3月23日，救援指挥部指挥长白林科申请进入常态搜寻。下午2:30，前线指挥部与安多县色务乡政府签订继续搜寻协议，同时起草了转入“常态搜救”的报告。后续搜寻指挥由陕西地矿总公司承担，依靠物化探分公司以及当地政府、牧民等给予帮助。

2013年2月5日，可可西里一牧民放牧时在赤布张措湖发现一具地质队员的遗骨，身上穿着一件白灰色编织毛衣，身边有一部卫星电话等。发现这一情况后，牧民赶了200多里*路，将这一情况向所在县政府汇报。

经当地政府初步核实，该遗骨很可能是陕西地质队的失踪人员。得知这一情况后，陕西省地质矿产勘查开发公司物化探分公司立即派工作人员前往，初步确认该遗骨就是3名失踪队员之一。2013年2月19日，经队员的家属对毛衣辨认和DNA比对，以及遗骨边卫星电话解码信息显示，死者就是杨能昌。另外两名失踪地质队员高崇民和荣浩以及一辆白色切诺基车均无任何线索。

---

* 1里=500米。

四、思考

(一)事故发生的原因

根据合理分析,陕西地质队员失踪的可能原因如下。

1. 可可西里恶劣的自然环境

3名失踪队员作业区域位于可可西里,面积为27490平方千米,区域湖泊、沼泽水系繁多;工作区域南部属于唐古拉山脉,存在大量现代冰川,平均海拔5000米,最高处达到6621米,调查区高寒,最低温度零下37摄氏度,严重缺氧,氧气含量不足50%,是典型的大陆高原气候,是地质工作少有的空白区域之一。工作区域内一旦天气暖和,在沼泽遍地的可可西里,地质队员几乎寸步难行。

2. 汽车故障或通信故障导致失去联系

据《中国国家地理》新媒体副总编杨浪涛分析,3人的失踪很有可能和机械故障有关。杨浪涛称,冬天作业的话,汽车陷进去的可能性很小。从各方面情况来看,很可能是汽车出了机械故障或者卫星电话电池出现问题。从当时救援情况来判断,失踪的队员还是比较危险的,因为他们本身带的给养只能维持十天,野外生存相对比较困难。

3. 湖面行驶因冰层断裂沉入湖底

据参与搜救的队员和牧民猜测,失踪队员有可能掉进了湖中,原因是虽然2月份赤布张措湖地区温度仍然较低,但和最寒冷的时期相比,温度已经有所上升,3人有可能驾车在湖面行驶时,湖面冰层断裂,地质队员和车辆一同掉入湖中。

4. 遭遇野兽袭击

随着可可西里自然保护区严厉打击盗猎活动的开展,藏羚羊等野生动物种群逐步恢复,棕熊、狼等猛兽数量也明显增加,近年野兽袭击人类的事件时有发生,3人可能在赤布张措湖地区做野外采集任务时遭遇猛兽袭击。

5. 其他

其他不可控因素,如自然灾害。

(二)搜救困难的原因

在此次事故中,造成搜救困难的主要原因如下。

1. 没有人员定位系统

据3名队员所属单位陕西省物化探分公司副总经理申安斌介绍,3名队员随身所携带的两台GPS设备只能用于测量地质数据。由于没有有效的人员定位系统的支持,搜救行动犹如大海捞针,使搜救行动浪费了大量宝贵的时间。

2. 通信信号不稳定及通信手段缺少备份

在野外,几十天不和家人联系是家常便饭。“大家伙儿一去就是半年甚至八九个月，外面的条件根本不允许经常和家里联系。”从事地质工作的物化探分公司高级工程师刘建利说，“虽然现在配备了卫星电话，但在野外仍有很多信号盲区，而且我们有规定，卫星电话只能在发生紧急情况和汇报工作时使用。”

野外任务的时间长，对装备的需求估计不足，加上地理环境对通信信号造成的影响，使地调人员在遇到危险时难以与外界联系。

（三）预防及控制对策探讨

1. 完善人员定位系统

为地调人员配备 GPS 定位系统，随时了解地调人员在野外的地理位置。

2. 保证通信信号的稳定

完善卫星电话的信息覆盖，加强卫星电话的信号强度，保证地调人员与总部的通信流畅。

3. 装备备用通信工具

根据野外作业时间，充分预估对于通信工具能耗的需求，避免出现因为没电而无法联络的现象。

4. 配备充足的水与食物

提高危机意识，充分考虑野外作业时可能遇到的各种状况，配备充足的水与食物，保证在野外遇险时能有足够的供给。

5. 防范野生动物的袭击

制定安全的行车路线，提高工作人员在遇到野生动物时的自我保护能力。

6. 建立应对突发自然灾害的机制

提高自然灾害的事前预警能力，增强工作人员的野外生存能力，提升救援部门的野外救援能力。

7. 配备野外生存用品、劳保用品及救援用品

除配备野外作业的必需工具外，为工作人员配备野外生存必需的自卫工具、御寒工具和急救药品，保证工作人员在遇到危险后有能力采取措施自救。在沼泽地行走应随身携带探测棒；在植物覆盖的沼泽地段、浮动草地、沼泽深坑地段，应绕道通行，并标识已知危险。

案例3 “极地”救援18小时，生死存亡6千米

一、概况

2005年5月13日下午，中石油东方物探青海物探217队放线组、爆破组两组共

70多名物探人员前往位于青海省海西州茫崖镇的柴达木大乌斯工区进行野外作业。下午5时30分左右，该地区突然遭遇沙尘暴和暴风雨雪，气温骤然降低，从20摄氏度降到零下10摄氏度。物探队迅速展开应急撤离和救援，经过长达18小时的“极地”救援，找到所有队员，包括遇难队员和失散队友。这次事故导致15名队员遇难，13名队员不同程度受伤。

二、经过

物探公司是专门以人工地震等方法来勘探石油等矿产资源的专业部门，以“找油先锋”著称的中石油东方物探公司是我国最大的物探公司，217队则是其旗下一支重要的野外作业队伍。

所谓放线就是以正在打钻的爆破点为中心，按照规定的线路，往四周的荒野铺设电缆。电缆上的测波仪用来测量和收集地震数据。放线工的主要工作特点是走得远，体力消耗大，每天需要走3～10千米路。

2005年5月13日，中石油东方物探公司青海物探217队组织放线组、爆破组两组共70多名物探人员前往离花土沟石油基地40千米处的茫崖镇的柴达木大乌斯工区进行野外作业。

柴达木盆地西南地区大乌斯工区，距离217队部20千米。这种既非沙漠又非戈壁的特殊地貌，沟壑纵横，十分崎岖，没有任何生命存在，被物探队员们戏称为“月球表面”。而这种犹如月球表面一般的地方，就是217队物探队员特别是放线工的主要工作场所。

5时左右，施工人员突然发现自阿尔金山到昆仑山出现一大片呈弧形扩展的黑云。根据在该地区多年的施工经验，他们判断是沙尘暴即将到来。于是，通过电台汇报，基地指令各野外施工班组所有人员紧急返回营地。

收到紧急收工指令，各班组开始撤离，在指定集合点，两组的勘探车会合。

5时30分，沙尘暴席卷而来，能见度几乎为零，15至20分钟后，天空雷鸣电闪，冰雹和暴雨从天而降，10分钟后变为暴风雪。四种恶劣天气鬼使神差都集中在茫崖的上空。

据茫崖气象局观测，这场暴风雨雪是该气象局建站50年来所观测到的强度最大的一次，也是当地百年不遇的强暴风雨雪天气。

暴风雨雪导致道路一片泥泞。由于沟深、坡陡、路滑，撤离车辆在离基地20千米处陷入泥泽，无法动弹。此时，气温急速下降，10摄氏度、0摄氏度，直至最后的零下10摄氏度。暴风雨雪一并落下，瞬间积雪达到10厘米，能见度不到10米。越野卡车只开了两千米就在暴风雪中打滑抛锚。在敞篷的勘探车上，被困暴风雪的作业人员浑身湿透，面临生死存亡的考验。

在营地的指示命令下，除 22 人待在相对安全的驾驶室等待救援外，两个作业班组开始指挥其余员工由 3 名熟悉撤离路线的员工引导向营地撤离。

最开始两个小时大家还井然有序，有说有笑地撤离。毕竟野外工作险恶的环境、恶劣的气候对他们来说是家常便饭，长途步行也自然不在话下。

三、搜救

与此同时，按照应急预案，救援工作也迅速展开。救人如救火。19 时，物探队指导员王凤岗带领首批 28 人组成的紧急救援队从营地出发，分三路赶赴现场接应撤离人员，进行紧急救援。7 辆携有棉被、大衣、水和食物的奔驰车和钻机车迎着暴风雪闯入茫茫雪海。

首批紧急救援队越往工地进发，暴风雪的阻力越让人感到恐惧。大雪在强风的挟带下疯狂拍打车窗，厚厚的积雪与泥土使昔日拥有狂野马力的野外工程车失去了威力。救援人员试图驱车闯入被暴风雨雪阻挡的工地。救援工作面临难以想象的困难，救援人员同样面临死亡的危险。窗外呼啸着狂风暴雪，救援队员们纷纷推门下车，冒着暴风雪徒步向工友的被困地点进发！

夜幕已笼罩整个雪地，时间一分分地过去。20 千米回撤路线上，一些被困工友已迷失方向。温度骤降，人体热量迅速丧失，脚下的雪越来越厚，最深的已埋住了膝盖。有人体力不支不断摔倒于雪地，工友们体力已消耗到极限。不巧，救援队在距离他们撤离的车还有 6 千米时也陷进泥沙中，一步也动不了。救援队员只好也徒步下车进行救援。这时候已是晚上 9 时，救援方和被救方的距离仅仅只有 6 千米。短短 6 千米，成了横亘生死之间的那道鬼门关。

在三支救援队伍里面，伊凤鸣这支最靠近遇险员工。可是，这时气温骤降，连汽车油箱里的柴油也结冰了，根据茫崖镇气象局事后发布的气象灾情公报，当时温度至少达到零下 20 摄氏度，伊凤鸣这时候已经第三次发现倒下的员工，他开始意识到，巨大的危险来临了。

仅仅是 6 千米，仅仅是几个小时，呼救之声已经不绝于耳，亲耳听到自己的同事一个个倒下，却无能为力，对救援队伍来说，也许没有比这更残酷的事情。如果有，那就是亲眼看到朝夕相处的队友，欲救无力的回撤队员，一个接一个倒卧雪中。

到了深夜，230 名由各方人员组织的救援队从不同方向徒步赶向工地，一道道长长的灯束划破暴风雪夜令人窒息的黑暗。从深夜到凌晨，一批批被困队员相继在极度绝望中看到营救他们的亲密战友……

高寒缺氧、道路难行、体力极度透支，在深达膝盖的积雪与刀割般的风雪中，他们迈出的每一步都是常人难以想象的，血肉之躯的生理极限在这一刻发挥到了极致。背也要把人背回去！救援队员含着泪花在茫茫戈壁背回了一个个遇难与冻伤的工友。

由于作业面范围较大，加之道路被雨水冲毁，物探队在组织雇工撤离时，无法及时找到全部的作业人员。至14日凌晨2时，搜寻组发现6名物探人员死亡，4时左右，又找到9名死者的遗体。

这场灾难，夺去了15名队员的生命，13名冻伤的队员被立即送到花土沟医院，6名重伤的队员随后转到600千米外的青海油田总医院。

四、思考

人类每一次满怀期待的探索或者挑战自然，都会有很多预期的或者非预期的收获，然而有的时候我们也会付出惨痛的代价，也让我们一次次地积累那些刻骨铭心的教训。

此次“5・13”青海茫崖突遇暴风雪恶劣天气也是如此。

5月15日，温家宝总理亲笔批示：对“5・13”灾难中因公殉职人员要做好善后工作，对受伤人员要精心治疗，对在艰苦条件下施工作业的物探队全体同志表示慰问。

（一）伤亡原因

每一次悲剧都应该被反思，每一次原因都应该被重视，每一次教训都应该被铭记。这次青海暴风雪事件，造成多名地质人员伤亡的原因是多方面的。

首先，区域性的自然气候是导致这次事故伤亡发生的直接原因。根据茫崖气象局的预报，当天天气状况为多云，小雨，气温3～17摄氏度。高原气温中午较高，最高气温达20摄氏度，当天野外物探工作人员出工都衣着简单。到下午5时，突如其来的暴风雨雪让野外作业人员防不胜防，致使悲剧发生。主管西部探区安全生产的中石油东方物探公司西部前线指挥部副指挥李英涛说，这种突发的灾难性天气如果能提前两个小时预报，就能将所有人员安全撤离。

其次，勘探人员的应急能力不足也是导致伤亡的主要原因。

从获救的员工状况分析，在暴风雪袭来时，人员遇难大多是恐惧紧张所致，没有按照应急指挥的方案和路线撤离，也没有按照应急培训要求匀速撤离，而是慌不择路、快速奔跑，很快耗尽体力，最终没能安全撤离。物探队有比较详细的培训计划和应急手册，对所有员工上岗前进行过系统的培训。只是心理素质这部分内容没有引起足够的重视，可以说目前勘探行业野外作业人员模拟灾难现场的心理素质训练几乎是空白。

由于野外勘探工作极为艰苦，特别是在青海柴达木这样的高海拔地区，具体从事勘探作业的施工人员文化水平比较低。此次遇难的15名物探人员来自甘肃、青海农村，大部分初中没有毕业，知识水平与心理素质无法达到安全生产的理想状态，一旦遭遇突发事件，缺乏良好的应急心理素质，只会按照自身知识水平所能理解的方式做出应急反应，从而造成不应有的后果。

最后，安全防范保障措施落实不到位也是间接原因。东方物探公司在安全技术措施资金投入上虽然有明确文件要求，但是安全投入与实际需要还有较大的差距。如果安全资金能从石油勘探投资政策上得到保障，在类似突发灾难中，就能更有效地降低伤亡和损失。

(二)预防措施

茫崖，那令人心悸的暴风雪。我们应该在血的教训中，举一反三，采取强有力的防范措施，使大量野外作业人员的安全得到保障！

经过为期12天的救治，13名受伤的物探员工全部出院。同时，217全队停产整顿，也进一步加强对紧急情况的应对措施的完善。青海物探公司已经准备投资580万元在217队部修建能准确观测小环境天气变化数据的监测点，在每个野外施工区也建立了供物探队员紧急避险的庇护点。

首先，最重要的是提高区域突发灾难性天气预测水平。

区域突发灾难性天气预报一直是个世界难题，青海茫崖地区当天下午发生的暴风雨雪是该气象局建站50年来所观测到的强度最大的一次，也是当地百年不遇的强暴风雨雪天气。这种天气是由当地强对流云突然形成所引发的，无法及时预报。但是我们知道天气预报的精确度直接影响野外勘探工作的开展，直接关乎野外工作人员的安全，所以区域突发灾难性天气的预测水平亟待提高。

然后，强化员工应急素质和安全培训。

目前，我国从事野外勘探工作人员的应急培训和心理素质训练一直是企业的一个弱项，没有得到重视和强化。当员工的应急素质达不到要求的时候，遇到突发事件就会出于本能做出应急反应，就无法按照预定的应急方案进行应急。在这个方面，应该学习国外勘探公司，对员工进行安全培训、强化员工对突发事件的应急自救和救助能力，让其心理素质与知识积累达到安全生产水平的理想状态。

还有值得注意的是，落实和完善野外勘探安全防范投入的政策保障。目前安全防范投入都是企业行为，国家缺乏具体的规范来保障落实这部分投入。在企业的安全防范投入中，一般没有考虑抵御自然灾害的投入，另外，对于企业的安全投入，国内是没法核实验算的。

所以，争取让安全防范投入覆盖到实际工作过程中的全部需要，细化到企业安全生产经营活动的每一个规定，包括安全投入的提取比例、勘探成本中明确列入安全培训、安全搬迁、安全设施、应急物资配备、应急演练等，做到有法可依、有章可循。

案例4　突降大雪陷险境，紧急救援获生机

一、事故经过

2015年9月17日早上9:00，某院矿产所副所长康某按照工作安排带领采样工孔某乘坐由齐某驾驶的三菱越野车赴昆仑河深沟地区进行地质踏勘。车辆到达深沟简易道路末端后，康某与齐某商定17时左右在原地会合，随后带着GPS、地形图、一点干粮和一瓶水就和孔某前往山区作业。

17日15时左右，康某、孔某在海拔5000米多的踏勘点完成工作准备原路返回时天空突降大雪，两人伴着脚下湿滑山路，在大雪中步履蹒跚地行进。突然，康某脚底一滑，他顺势将地质锤深深地敲入冰层制止了向下滑落，还好有惊无险。天色渐渐变暗，他们就这样走到大约22:00，脚下的路在大雪覆盖下逐渐消失，仅靠手机微弱的光线已经不能照亮道路了。

有着野外生存经验的康某意识到不能再冒险行进了，如果滑跌到山下或碰到野兽就麻烦了。于是，他们在周边山坡附近寻找到一个勉强可以容纳两人的山窝当作庇护所。夜里气温骤降，干粮和饮水也已消耗殆尽，在野外工作多年的康某便交代孔某："夜里气温更低，我俩一定要随时活动身体，渴了、饿了就抓把雪充饥解渴吧。"就这样两个人相拥依靠取暖并等待时机，强忍着饥饿寒冷度过了漫长的一夜……

天色微明时，饥寒交迫的二人活动了一下僵硬的身体。大雪下了一夜，周边一片白茫茫的，这时候GPS和地形图发挥了很大的作用，两人定好位之后迈着麻木红肿的双脚踏着雪花向前一天约好的集结点走去。9月18日11时左右，两人终于战胜疲劳走到拉他们来此的汽车前，发现车灯亮着，发动机也发出传动的声音。打开车门的那一刻，一股暖流扑面而来，可是齐某并不在车里。这时候，筋疲力尽的康某在四周观望了一下没看到人影，根据经验，他猜想到齐某一定是找救援去了，于是与孔某在车上原地等待救援。

原来，原定17日17点左右在山下会合，可是时间到了康某两人还没有到。由于此地常有狼群、黑熊、野牦牛出没，齐某在车里焦急不安，决定将车辆再往山沟里开一开好接应他们。然而周边路况恶劣，车辆陷入坑中。齐某取出车上的应急包，用多功能藏獒铲进行挖掘，经过一番努力车辆仍然没能出来。一直到18日凌晨3点，还是没有见到他们两人的踪影。这期间，齐某通过闪车灯、鸣喇叭、跑到周边喊，都无果。无奈之下，他就想到了出山寻求救援。

临走的时候，他想也许康某他们会突然回来，就启动了车辆发动机，开着暖气保

持车内温度，并且把远光灯打开给他们留下坐标。他也担心出去寻求救援的路上自己会遭遇不测，打开手机摄像把自己想对家人交代的事情录完后将手机留在车内。随后，自己带着一瓶水和一把多功能藏獒铲，打着手电顺着山沟向外走去。山谷里黑漆漆的，手电的光照范围又小，严寒、恐惧、孤独如影随形，他只好一边走一边自言自语以克服恐惧。18 日上午 9 时 50 分，齐某跌跌撞撞走了 45 千米，终于到达黑海南项目组。项目组得知情况后立即通过电台与院安全部门取得了联系，并通过卫星电话将此事向院驻格尔木办事处进行汇报。

格尔木办事处接到项目组报告后，立即向院长吴某汇报了事情发生经过。吴院长指示，由副院长温某带队的第四安全检查组成立现场应急指挥部，调集周边项目组人员组成应急救援小组，紧急启动院突发事件应急救援预案，按照康某工作区域坐标展开拉网式搜寻，同时要求搜救人员在保证自身安全的情况下必须找到失联人员，并第一时间向省地矿局安保处做了简要汇报。

康某等两人失联已经整整一夜，山里依然积雪覆盖，争取时间就是抢救生命。9 月 18 日 10 时 30 分，副院长温某迅速组织 50 余名工作人员、11 台车辆赶往事发地点，出发前要求所有人员携带应急用品、食品及药品，要求执行救援的车辆谨慎驾驶，以防次生事故的发生。通往目的地的深沟简易道路湿滑难走，13 时左右救援组终于在事故车辆上找到了失联的两名人员。当齐某见到康某二人时，不禁相拥流泪，感动之余说道："见到你们就好。"救援组将 3 名同志送往格尔木第 22 军医院，通过对身体健康状况的详细检查，3 人身体均无大碍。

二、事故原因

没有预先查看作业区域的天气预报，对高原高寒地区的恶劣天气情况估计不足；没有携带必备的卫星通信设备。

三、事故分析

1. 从人的不安全行为分析，一是野外作业人员对艰险地区作业的危险性认识不足，特别是对突发恶劣天气的安全后果预判不充分；二是作业前准备工作不充分，采用了轻车简从的方式，保暖、食品和防身措施不充分；三是没有有效的通信联络设备，作业小组人员遇到危险和紧急状况以及采取的自救方式无法及时相互沟通，导致救援司机有可能发生次生事故的危险；四是作业线路设置过长，给作业人员返回和救援人员施救造成了困难。

2. 从管理上的不安全状态分析，一是野外艰险地区地质勘探作业前的安全教育不足，对于危险源的防控认识不足，作业人员有忽视作业安全的行为；二是应急预案管理落实不到位，作业组在17日夜间未返回项目部的情况下，项目部应该及时启动应急救援；三是野外项目组的个人安全防护和通信设施配备与作业中发生危险情况时的需要不相适应；四是作业班组应急处置方案不健全，遇到危险状况时的自救和互救存在脱节情况。

3. 从环境的安全状态分析，作业地区为高海拔艰险地区，天气变化快，极端天气现象频发，交通和通信不便，环境条件恶劣，是造成本次事故的主要原因。

四、经验教训

本次艰险地区野外地质勘探作业事故虽然有惊无险，但是从事故发生的全过程和采取的一系列措施来看，还要在以下几个方面吸取教训。一是要加强野外作业危险因素的辨识和防范意识教育，特别是危险发生时的生存与自救知识和技能培训，提高对于艰险地区作业危险性的思想认识。二是要建立健全生产安全事故应急救援预案、专项预案和现场处置方案，准确界定预警和救援的时间点，适时进行与野外作业相适应的应急救援预案演练。三是配备海事卫星电话、GPS或建立无线联系通信系统，确保院部、项目部、项目作业组之间联系畅通，定位准确。四是合理设置工作线路和每次踏勘的工作量，通过适当增加宿营地、增加物资储备等形式，保障项目组野外作业返程和救援工作安全。五是在个人人身安全防护、水和粮食配给上给予充分保障，在作业人员遇到极端天气或者与野兽相遇时能够安全自保。

第二部分　地质市场及多种经营作业事故案例

案例1　某小区挡土墙工程桩基施工事故

发生时间：2008年3月12日

事故地点：某住宅小区

事故类别：坍塌

伤亡情况：死亡2人，轻伤1人

事故经过

2008年3月，某公司承建的小区挡土墙工程，挡土墙高12～17米，一般为13～15米，挡土墙倾角接近90度。挡土墙内填土高度达到设计标高时，发现挡土墙上有水平裂缝并发现有较大位移。施工单位分析认为，工程设计存在安全度不够的问题，及时向业主提出对挡土墙进行加固处理。

业主在未对挡土墙进行加固的情况下，在挡土墙内进行预应力管桩桩基施工，桩体离挡土墙最近位置为2米。

3月12日11时左右，挡土墙中间段（高约15米，长约30米）突然向外倾覆，将位于离墙体外侧约10米的项目部临时办公室全部掩埋，正在室内整理资料的两名技术人员程某、郭某当场被压在混凝土板下。工地负责人立刻组织抢救。经过3个小时的现场抢救，将压在挡土墙下的两人抢救出来，此时两人已经死亡。所幸的是，另一名技术人员喻某在整理资料中途站在办公室门口接听电话，及时逃离，幸免于难，只有手、肩和腿受轻伤。

事故原因

根据分析，造成挡土墙整体突然发生倾覆倒塌的主要原因：一是工程设计存在不足；二是管桩施工振动、对墙内土体产生挤压等。

1. 设计方案有缺陷。设计存在以下缺陷：

（1）挡土墙最高处约17米，按规范要求，采用此种结构应合理设置分级平台，但设计未设置分级平台。

（2）挡土墙边坡呈90度，未设计预应力锚杆，必然造成较大位移。

事故发生前(a)、后(b)现场图

(3)挡土墙底实际标高与设计标高相比低1米,造成墙后土压力产生弯矩增大了约20%,而挡土墙仍要求按原设计施工,没有采取任何加固补强措施。

2. 管桩施工的影响。

管桩是一种挤土桩,挤土作用增加了墙后土压力,另一方面,由于锤击桩在施工过程中产生巨大的往复振动荷载,施工的管桩距离挡土墙仅2米,必然会对挡土墙板产生较大冲击力,并破坏挡土墙结构。当时在未对挡土墙进行加固的情况下,打桩施工单位开始在离挡土墙后约2米处进行管桩施工,在管桩施工过程中挡土墙整体突然发生倾覆破坏。

预防措施

1. 临时办公场所和员工临时宿舍、宿营地务必设置于安全区域内且安全措施必须到位,临时办公室屋面应有两层钢管骨架满铺跳板架空隔离,加一层水平安全兜网,办公室出入口应接安全通道,以防止高空坠物打击。

2. “三级”安全教育要到位,并有记录。

3. 交叉施工务必科学组织。

4. 边坡治理施工必须加强监测和观测。

5. 把好设计质量和施工质量关。

案例2　某新材技改基坑施工事故

发生时间:2010 年 3 月 20 日

事故地点:某住宅小区

事故类别:坍塌

伤亡情况:死亡 2 人

事故经过

2010 年 3 月 20 日 19:35,某公司承建的某新材“气代油”节能综合技改基坑施工过程中,农民工张某(56 岁)、远某(46 岁)在进行连续墙桩头钢筋调直作业时,边坡突然崩塌,将该两人埋在土方下。项目部立即启动事故应急救援预案,拨打 119 和 120 电话;同时组织人员用镐、锹等清除崩塌周边的土方。21:25,将两人成功救出,120 医务人员立即赶赴现场进行抢救,21:40,两人经医务人员抢救无效死亡。

边坡崩塌后的情形(事故现场)

事故原因

坡顶的混凝土路面影响了对坡体位移和开裂的观测,客观上起到麻痹作用,这是事故发生的间接原因。主要原因如下。

1. 地质条件。崩塌位于熔化工段基坑北边坡中部,崩塌段长 20 至 25 米,崩塌方量约 200 立方米。该处边坡上部 2 米为碎石素填土,中部 2 米为黏性素填土,下部为粉质黏土。结构松散的素填土中发育大量平行于边坡走向的陡倾裂隙。坡面土体崩塌,对人体产生较大冲击力,致人窒息而死亡。

2. 天气条件。3 月 16 日至 20 日,天气晴朗,气温从 9 摄氏度猛升至 29 摄氏度,气温上升达 20 摄氏度,是该市 60 年来同期最高气温。由于天气干燥(连续多天出现浮尘天气),土体迅速失水、干裂,土层裂隙进一步扩大,导致土体失稳而产生崩塌。天气的急剧变化是本次崩塌的主要诱发因素。

3. 工程管理。因建设单位要求，为了保护通行道路，没有按设计要求进行放坡；虽然多次向业主和监理提出要进行放坡施工，在业主的坚持和不理睬的情况下，没有采取其他防护设施；多次安全检查也没有提出整改要求；项目部中途更换技术负责人，技术负责人缺乏基坑施工管理经验。

预防措施

1. 基坑设计方案必须经过专家委员会评审通过才能施工。

2. 严格执行设计技术要求。不能过于迁就其他因素。加强监测，群测群防。不能被地面障碍物麻痹。

案例3　某桩基工程坍塌事故

发生时间：2012年12月26日

事故地点：某建筑工地

事故类别：坍塌

伤亡情况：死亡1人

经济损失：76万元

事故经过

2012年12月24日20:00，武汉市某公司3#旋挖钻机施工3号楼97号孔至9米时，因入岩钻进困难，钻杆突然断裂，钻头掉入孔内。公司建议采用“回填钻孔重新补桩”的处理方案，未得到设计院及业主通过。

25日项目部采用“扩大孔径地面打捞”的方案进行处理，并将该孔由ϕ600扩大为ϕ1200、深度至8米处，并随之将ϕ1200钢护筒下至地表下4米强风化泥岩位置。

26日16:00，3#钻机机长佟某擅自做主，违章指挥其机台人员闫某(男，42岁，江苏籍农民工)系好安全带用吊车将其吊入孔内拴挂掉入孔内的钻头，当闫某正在拴挂钻头的时候孔壁突然坍塌并严重渗水，机长佟某发现险情后紧急指挥吊车提升，发现安全绳和安全扣完好无损，疑似闫某在孔内作业时已将安全带挂钩解下，至此闫某被埋在了孔内8米深处。

事故发生后，项目部立即启动应急救援预案，当即向武汉市消防大队和120救援中心请求援助，同时电话上报公司。经过近10个小时的挖掘，至27日早晨6:30，将死者闫某挖掘出来。现场抢险救援工作完成后，公司总经理立即召集各小组成员及项目部管理人员召开了紧急会议，对下一步工作做了安排和部署：针对“12·26”事故立即开展调查和善后处理，同时成立安全检查小组，对公司所有在建项目进行拉网式检查、整改。

2013 年 1 月 1 日，与死者家属签订一次性赔偿协议，支付了丧葬补助金、供养亲属抚恤金、一次性工亡补助金（全国标准，计算标准为全国人均可支配收入的 20 倍）、补助金（人身意外伤害保险可赔付金额，提前支付），四项合计 757237.78 元整。经商谈，取整数 76 万元；协助办理完火化前的相关手续。

事故原因

1. 直接原因

（1）外协钻机机长佟某安全意识淡薄，违章指挥。

26 日外协钻机机长佟某私自更改项目部制定的孔内事故处理方案，该处理方案既未上报也未采取任何安全防范措施；在实施过程中，违章指挥吊车将人吊入孔内。

（2）死者闫某忽视安全，违章作业。

死者闫某忽视安全，违章作业，在孔内擅自摘掉安全带挂钩，当孔壁坍塌发生时，无法将其及时提升地面。

（3）吊车工违反操作规程。

吊车工在没有经过项目部同意及司索工的指挥下，违反操作规程，将人吊入孔内。

2. 间接原因

（1）事故孔暴露时间长，又遇到雨雪天气对地层造成影响，导致事故孔孔壁意外坍塌。

12 月 24 日夜间 20:00 该孔钻进 9 米深时发生钻杆断裂、钻头掉入孔内，25 日进行了扩孔，26 日又遇雨雪冲刷，事故孔暴露时间过长，加上该孔周边有五个孔成孔后未及时浇灌混凝土，造成该孔孔壁地层不稳，发生坍塌同时周边孔的积水涌入该孔孔内。

（2）项目部安全管理不到位是导致“12・26”事故发生的间接原因，具体表现在以下几个方面：

①项目部安全管理人员配备不足。

该项目由公司二工程处负责管理，由某公司具体施工，项目部管理人员由某公司组建，二工程处派人协助其管理。在组建项目部安全管理机构时，二工程处安排的安全员没有常驻工地（另还负责老浦片工地），某公司安排的安全员由电工兼任且无安全员证。

②项目部安全管理不到位。

项目部忽视了对分包单位的管理，当班施工员及安全员监管不严，没有及时阻止分包单位违章行为的发生。

综上所述，“12・26”事故是一起分包单位违章指挥、违章作业，项目部安全意识不强、管理不到位导致的意外伤害事故。

预防措施

1. 项目部各级施工和管理人员，要树立“安全第一”的思想，要做到“管生产必须管安全，管技术必须管安全”，做到“不安全不生产”，安全生产是项目各级管理人员的重要责任。

2. 加强施工人员的安全教育和培训工作，提高施工人员的安全生产自我防护意识。施工人员要正确佩戴和使用劳动防护用品，施工现场要设立醒目的安全标志警示牌，加强施工现场各危险部位的提醒工作，提醒大家如何做才是安全的。

3. 在处理孔内事故过程中，施工机台一定要严格按照项目部制定的孔内事故处理方案处理孔内事故，不可擅自更改处理孔内事故的方案，更不能违章指挥和违章作业，在处理任何孔内事故时，严禁人员下入孔内作业。

4. 吊车工作为特种作业人员，一定要严格按照操作规程操作，吊车是吊物，而不是吊人。

5. 施工现场技术人员要密切掌握事故孔壁的土质情况变化，要结合天气特点和事故孔周边地下水的影响情况，认真制定孔内事故处理方案。

6. 施工项目要配备专职安全管理人员并持有效证件，在处理孔内事故的过程中要严格监管，对违章作业人员要严格制止。

7. 项目部安全管理要深入到机台和班组，特别是在处理孔内事故时要随时掌握每个事故处理环节，严防每个环节出现不按项目部制定的处理方案实施，严防每个环节出现违章指挥和违章作业行为，要做到安全监管到位。

8. 在现场施工工序安排上一定要合理，根据地质条件和现场积水情况合理安排打孔数量，遇雨雪天和土层较软地层，成孔后应及时灌注，避免恶劣条件下成孔暴露时间长，隔夜灌注。施工工序按当班时间控制，每班次结束必须灌注完成，不留成品孔。避免夜间施工人员或机具落入孔中。

案例4　某小区基坑支护工程坍塌事故

发生时间：2015年3月31日

事故地点：黄冈某住宅小区

事故类别：坍塌

伤亡情况：死亡2人，重伤1人，轻伤3人

经济损失：200余万元

事故经过

2015年3月31日13点10分左右，某公司施工的黄冈某住宅小区基坑支护工程围护桩头凿除劳务班组在施工过程中，旁侧业主单位私自加高的围墙突然倒塌。

由于单位项目现场安全管理不到位，现场安全防护不力，导致事故发生，造成6名作业人员被砸，其中2人经抢救无效死亡，1人重伤，3人轻伤。

事故现场围墙垮塌

事故原因

1. 直接原因

(1)围墙改造未按规范设计擅自施工。业主单位未按相关技术规范设计，未考虑原围墙基础的荷载，擅自将原围墙(平均高1.9米)加高到平均3米，造成围墙稳定性差，存在严重的安全隐患。

(2)基坑支护工程未编制边坡支护专项方案、未经专家论证、未报监理单位审核。工程公司在基坑支护工程施工过程中未设计规范的施工图纸，未编制边坡支护专项方案，安全防护措施不到位。

2. 间接原因

(1)业主单位在该项目中未进行招投标，违法发包；未取得《建筑工程施工许可证》，违法施工。在本次事故中负主要责任。

(2)工程公司基坑支护工程项目部安全管理人员安全意识淡薄，安全管理职责落实不到位。现场管理不到位，未按规定开展安全生产隐患排查工作，未按规定建立健全生产安全事故隐患排查治理制度，未采取技术、管理措施，未及时发现并消除事故隐患。该施工项目部安全生产教育培训工作不到位，未按规定对从业人员进行安全生产教育和培训，保证从业人员具备必要的安全生产知识。施工单位在本次事故中负直接责任。

(3)监理公司未依法履行监理职责。该公司未按规定审查施工组织设计中专项施工方案。未按规定及时向有关主管部门报告。该公司发现施工单位未整改且未停止施工的情况下,未及时向有关主管部门报告,监理公司在本次事故中负管理不到位责任。

经所在地区人民政府事故联合调查组调查,2015 年 6 月 26 日,该区安全生产监督管理局在其官方网站发布了《××住宅小区"3·31"一般建筑事故调查报告》,经调查认定:"3·31"事故是一起生产安全责任事故。

地勘资料显示,该围墙地基为杂填土,地下水位高,土层含水量大,基坑开挖边距离围墙基础仅 1 米,由于黄冈 3 月 29、30 日连降大雨,随着基坑不断排水,土壤含水不断渗出,导致周边土层不均匀沉降,围墙基础片石松动,距离较近的围墙渐渐向基坑方向倾斜,破桩头处置过程中的振动力加速了这一过程,致使围墙坍塌。施工单位未采取技术、管理措施,未及时发现并消除坑壁不稳定、围墙基础松动的安全隐患。

事故处理

单位安全科科长尹某在本次事故发生前 3 小时代表单位去项目现场检查安全工作时,在带队领导明确事故隐患需要立即停工整改的情况下,没有第一时间送达停工整改令及监督整改,未能有效避免事故发生,安全管理履职不到位,负主要管理责任,撤去安全科科长职务,调离安全管理岗位;工程公司经理周某在管理过程中履职不到位,处以行政撤职处分;工程公司副经理兼技术负责黄某在本项目管理过程中存在多处严重的安全生产管理失职行为,处以行政降级处分;工程公司兼职安全员张某生产现场管理不规范,处以行政记过处分,工资降一级,调离安全工作岗位。

预防措施

1. 业主单位、施工单位、监理公司都要进一步强化法律意识,认真落实安全生产主体责任,建立健全安全生产管理制度,加强对危险性较大的分部分项工程安全管理,将安全生产责任落实到岗位,落实到人头,做到安全投入到位、安全培训到位、基础管理到位、应急救援到位,积极开展以岗位达标、项目达标和企业达标为重点的安全生产标准化建设,自觉规范建筑施工安全生产行为,认真吸取事故教训,立即对所有在建工程停工整顿,全面进行安全大检查,认真排查事故隐患,防范事故的发生。

2. 施工单位要按规定编制边坡支护工程专项施工方案,组织专家论证并报监理单位审核后,方可组织施工。要加强施工现场安全管理,坚决贯彻执行安全生产和建筑施工、质量管理等方面的法律法规,建立健全并严格执行各项规章制度和安全操作规程,并根据工程特点制定科学合理的安全施工措施及方案,杜绝偷工减料、降低标准、擅自施工等现象。

3. 施工单位要认真开展安全教育培训,切实加强从业人员的安全生产"三级教育”，强化重要岗位和特种作业人员的教育培训，确保从业人员具备对本岗位各类安全隐患和风险的判断识别能力，从本质上提升从业人员的安全意识和技能。主要负责人、安全管理人员和特种作业人员必须持证上岗。

4. 监理公司要加强施工现场的安全监理工作，加强对施工组织设计中的安全技术措施或专项施工方案的审查；对监理过程中发现的事故隐患，要责令施工单位立即整改，情况严重的，应当要求施工单位暂时停止施工，并及时报告建设单位；施工单位拒不整改或者不停止施工的，要及时向有关主管部门报告。

第三部分　地质工程施工事故案例

案例1　某滑坡应急治理工程高空坠落事故

发生时间：2013 年 7 月 18 日

事故地点：某山体滑坡处

事故类别：高空坠落

伤亡情况：死亡 1 人

事故经过

2013 年 7 月 18 日上午 8:20，某滑坡应急治理工程项目作业过程中，27 号抗滑桩准备进行孔内爆破作业，现场施工管理人员通知其他桩孔内的作业人员立即停止施工，离开桩孔，返回地面，前往安全地带。9 号桩孔中共有 3 人协同作业，井口 1 人，孔内 2 人，按现场管理人员要求，1 人顺利升至地面。8:40 时，当王某升至距离孔口 2 米时，因卷扬钢丝绳缠绕不匀引起抖动，导致王某坠落孔底。井口作业人员立即通知邻近的其他人员前来救助。将伤者送往就近的青峰镇医院救治，该院诊断为脑死亡，项目部随即将伤者转往房县人民医院，经房县人民医院全力抢救，因伤势过重，抢救无效于 11:40 死亡。

事故发生后，施工队立即成立了由副队长杨某任组长，安全科相关人员、地质灾害防治中心主要负责人、安全总监组成的事故调查组赶赴现场，进行取证调查。

该应急治理工程项目由某公司中标承担施工，人工挖孔桩施工劳务由建设工程集团有限公司承担，该公司是一家证照齐全、具有独立法人施工资质和安全生产许可证的国有企业。

某建设工程集团有限公司是独立法人，直接与死者家属协商赔偿事宜，赔偿协议书由某建设工程集团有限公司与死者家属直接签订。

由承接单位配合其善后处理，地质灾害防治中心（某建设工程有限公司）未承担任何赔偿。

按照中心与项目部签订的安全责任书的规定进行处罚，项目经理梅某被罚款 10000 元，安全总监邵某被罚款 7500 元。

事故原因

1. 事故的直接原因

死者王某安全意识淡薄，违章作业。坐物料提升筒上下桩孔，而且不系安全带。

2. 事故的间接原因

地质灾害防治中心、某建设工程集团有限公司管理不到位是造成事故发生的间接原因。不仅没有认真落实人工挖孔桩作业安全有关管理规定，随意性强，安全重视程度不够，对出现的违章行为管理不严、处罚不够，导致作业人员习惯性违章的存在。而且以包代管，地质灾害防治中心及某建设工程集团有限公司现场管理人员没有及时发现和制止违章行为。

综上所述，“7·18”事故是一起从业人员违章作业，分包单位安全意识不强、管理不到位，总包单位监管不到位而导致的一起生产安全事故。

预防措施

1. 召开专门会议，分析原因，提出防范措施。

2. 开展事故举一反三培训，分析存在的危险因素，提出切实可行的防范措施，告知从业人员。

案例2 某不稳定斜坡治理项目物体打击事故

发生时间：2015年12月7日

事故地点：某不稳定斜坡

事故类别：物体打击

伤亡情况：死亡1人

经济损失：约50万元

事故经过

2015年12月7日8:30左右，由某基础工程公司承担的某不稳定斜坡治理项目，进行钢筋安装施工时，钢筋制安班组6人正在坡面上进行压筋安装施工，需把每根长度为9米、直径为12毫米的钢筋沿坡面纵向连接绑扎在锚杆外端，杨某（外协人员）等3人绑扎的一根钢筋绑扎即将完成（杨某此时在绑扎钢筋下端最后一个连接点），此时另3人将另一根钢筋向上传递（在杨某绑扎钢筋的上部，需与杨某绑扎钢筋上部连接），在传递的过程中，因配合不协调，失手导致钢筋滑落，钢筋碰到脚手架后弹向杨某方向，砸中正在绑扎钢筋的杨某，穿透其安全帽外缘从右前额处刺入头部。

8:50急救中心医护人员赶到现场对伤者进行救治，8:58消防救援人员赶到现场用液压钳剪断钢筋，随后众人用担架将杨某抬至救护车送黄石市中心医院急救，9:17

到达黄石市中心医院，11:50 完成开颅清创手术后送重症监护室救治，11 日 20:40 医生宣告杨某因伤势过重救治无效死亡。

事发后，相关单位及人员马上成立事故调查小组，查明事故原因并落实相关人员的责任。12 月 24 日，单位领导周某主持召开安委会会议，通过了对“12・7”事故相关责任人的处理意见，相关责任人的处理情况如下。

1. 单位主要负责人、分管安全负责人的处罚由省局决定，单位安委会其他成员的处罚依据单位 2015 年安全生产责任书第二款执行。

2. 依据单位与二级单位签署的 2015 年安全生产责任书处罚项第一条和第九条规定，对工程部主要负责人易某、安全工作分管负责人王某、专职安全员陈某分别处以 10000 元、8000 元、5000 元罚款；对工程部安全领导小组其他成员李某、王某、陈某、雷某、韩某分别处 2000 元罚款。

3. 对单位安全科科长陈某、专职安全管理干部汪某、马某分别处以 5000 元、2500 元、2500 元罚款。

4. 同意基础公司工程部对项目管理人员的处理意见，即对该项目负责人、安全员、施工员分别处以 2000 元、1600 元、1000 元罚款。

5. 扣除单位分管安全负责人、安全专职管理人员半年安全津贴，扣除基础公司工程部专职安全员全年安全津贴。

事故原因

1. 直接原因

压筋安装作业人员沿陡坡向上逐层传递钢筋时配合不协调，失手导致钢筋失控滑落，击中杨某。

2. 间接原因

(1)项目部安全管理不到位，表现在以下几方面：

①工程施工组织不合理。下部钢筋安装未完成时即向上传递钢筋，形成交叉作业。

②对施工队伍的培训未能有效提高作业人员的安全意识。

③危险源辨识不清。允许作业人员在具有安全隐患的环境下进行作业。

④安全隐患整改不及时。对局、队提出的安全隐患没有及时有效地进行整改，使得工人依然违章作业。

⑤劳动纪律监管不严。现场安排的 3 名管理人员未及时全部到位，现场安全监督不力。

(2)基础工程公司管理层安全意识淡薄，对局、队安全生产管理制度执行不力，安全生产责任制落实不严。表现在如下几方面：

①违规将劳务作业分包给不具有劳务资质的施工队伍。

②项目部专业技术人员配备不足、技术力量薄弱。让该项目的项目经理韩某临

时兼任另一项目的项目经理，导致其精力分散。

③基础工程公司安全领导小组安全监管不到位。对局、队安全检查小组检查出的安全隐患，没有严格督促项目部整改到位，安全生产管理上存在明显漏洞。

④安全生产责任制落实不到位。责任没有层层落实，该奖的没奖，该罚的没罚。

3. 根本原因

(1)对安全生产工作的极端重要性的认识不足。没有正确处理经营发展与安全生产的关系，没有把安全生产摆在首要位置。面对经营上的困难，事发单位主要负责人把绝大部分精力投入到经营工作中，对安全工作的思考较少，对安全生产的重视严重不够。

(2)事发单位对本单位的安全管理能力、安全技术能力认识不清。对是否适应这种高危险性作业的施工项目，没有进行评估，导致盲目地承接工程项目。

(3)局属单位对事发单位的安全生产监督管理责任落实不到位，安全生产制度、措施在生产一线没有得到有效落实。对局、队安全检查发现的隐患督促整改不力，对外协队伍准入把关不严，部分安全管理人员履职不尽责、对违章行为处罚不严、不敢动真格，在开工前危险源辨识与告知、安全检查与验收、安全教育培训与交底、隐患排查与整治等管理环节不深入、不细致、不系统、不扎实。

预防措施

本起事故暴露出该单位在安全管理工作上存在的问题，要求局属单位进一步强化安全生产管理工作，从制度的建设与执行、隐患排查与治理、风险识别与评价、管理的力度和深度下功夫，积极作为、狠抓落实。

1. 持续推进以安全、质量建设为主要内容的班组建设工作，提升班组现场安全的自主管控能力。

2. 要求安全专职管理干部要经常性地深入现场，真正发现问题、认识问题和指导解决问题。

3. 加强单位专兼职安全员的能力培训与工作考核，充分发挥单位专兼职安全员队伍的作用，组织完善各单位各专业安全工作方案。

4. 加大对外协队伍的管控，选择具有资质和法人资格的外协队伍，临时性用工尽量聘用劳务公司人员，外协施工人员的意外伤害保险保额不低于50万元，风险性较大项目要加大保险额度。

5. 做好项目针对性的危险因素识别与评价工作，在此基础上开展危险告知和安全技术交底，对危险性较大的项目必须制订专项安全施工方案。

6. 加强对重点环节的梳理和管控，要求各二级单位要针对阶段性、季节性的安全工作特点，结合本单位的实际，认真梳理本单位的安全工作重点，突出对工程施工、车辆运输、消防、食品卫生等重点环节的管控。

7. 加强对生产现场的监管，对存在较大安全隐患的项目和场所，必须坚决下达

《停工令》；对“三违”人员必须进行严厉处罚。

案例3　某滑坡应急治理项目物体打击事故

发生时间：2016年4月11日

事故地点：某滑坡治理现场

事故类别：物体打击

伤亡情况：重伤1人

事故经过

2016年4月11日，由某公司承担的滑坡应急治理项目Z15抗滑桩进入混凝土浇筑工序，工程浇筑从上午7：00开始，浇筑劳务工作由湖北某建设工程有限公司（具有安全生产许可证，多年从事地质灾害劳务分包）承担。17：30，混凝土浇筑至离桩口17.8米，现场停止搅拌，由振捣工曹某佩戴安全帽和安全绳下入桩内振捣作业，18：00，位于桩口巡视的工长曹某某听见ϕ200PVC串筒导管掉落，呼唤曹某无应答，随即李某关闭电闸，下入桩内查看情况，发现振捣工曹某受伤倒在钢制跳板上（PVC串筒导管击中安全帽后部，头部出血），李某立即下入孔内进行救援。

18：14乘坐120救护车到沿渡河镇医院进行紧急处理，外伤止血后迅速赶往巴东县人民医院进行抢救。手术从4月11日22：00开始到4月12日1：30结束，对伤者进行了脑部清瘀、气管切开手术，截至12日12：00伤员稍有意识。

事故发生后，项目部立即将事故发生的有关情况上报公司和局属单位。分管领导、公司负责人和安全生产科负责人等立即成立事故调查小组。对公司主要负责人郑某，公司分管安全生产的副经理莫某，公司专职安全员付某和项目经理陈某在单位内部通报批评，按单位和公司签订的2016年度安全生产责任书，对相关责任人在年终考核时进行经济处罚。

事故原因

经现场勘查，并结合对事故相关人员的调查笔录和事故调查分析，造成本次事故的原因如下。

1. 事故的直接原因

PVC管材串筒内壁连接使用的铁丝断裂，是这次事故的直接原因。在PVC管材两端打眼后，由铁丝连接组成串筒。由于混凝土长时间对连接铁丝的冲击、磨损，最终造成连接铁丝断裂、串筒脱落。

2. 事故的主要原因

项目部安全隐患排查存在疏漏，对串筒内连接铁丝受混凝土冲击、磨损造成断裂的施工工艺缺陷认识不足、作业人员安全意识不强等是造成本次事故的主要原因。

（1）项目部没有充分认识到更改 PVC 管材串筒后，连接铁丝受损断裂的安全隐患，没有把串筒脱落伤人的危险进行识别，隐患排查存在疏漏。

（2）根据现场作业人员受伤情况可以看出，伤者受伤时正处于串筒下方进行振捣作业，没有避让意识，说明作业人员安全意识不强。

预防措施

1. 应急预案不能停留在文件书本上，要认真落实，做好与各相关单位和机构的有效衔接与备案，一旦发生险情，各救援单位能及时到达现场开展工作。

2. 真正做到把外协队伍纳入安全管理中来，项目部要认真做好施工人员的安全教育培训，提高施工人员的安全防范意识。

3. 认真排查安全隐患，建立排查清单。

4. 严格按规程、规范施工，不得随意更换施工设备和施工工艺。在变更施工工艺与施工设备之前，必须经过充分的安全论证和隐患排查。

5. 单位应实施下列整改措施：

（1）立即停用 PVC 管串筒，改用铁皮管串筒。

（2）举一反三，对单位所有项目和基地开展隐患梳理排查，做到不安全不生产。

（3）吸取本次事故教训，在单位范围内广泛开展安全教育活动，提高全员安全生产意识。

案例 4　某矿区中毒死亡事故

发生时间：2008 年 11 月 4 日

事故地点：某林区花椒树坪铅锌矿区

事故类别：中毒和窒息

伤亡情况：死亡 2 人

事故经过

某铅锌矿区 PD3－2 平硐于 2008 年 7 月 26 日开工，硐口规格为 2 米×2 米，施工 220 米后改为向上掘进（已向上掘进 15 米左右）。

2008 年 11 月 3 日晚 9 时左右，硐内爆破作业后，工程承包人王某告诉施工人员：因柴油机故障影响照明和通风，需要停工修理，晚饭后全部人员停工休息，并落实项目部提出的隐患整改意见（解决通风量不足的问题）。

非事故平硐

4 日凌晨 2 时许，工地农民工庄某的妻子（炊事员）发现庄某不在身边，随即向承包人王某反映。承包人王某带人到硐内寻找，在距硐口约 200 米处发现庄某（男，31 岁，平硐施工队持证安全员，林区村民）和宦某（男，19 岁，林区村民）倒在石渣堆上，宦某已死亡，庄某有微弱心跳。随即将庄某背出硐外，做人工呼吸，经抢救无效死亡。

事故原因

接到事故汇报后，事发单位成立了以分管领导为组长的事故调查小组，立即赶赴现场。与项目部、承包人、工人进行交谈问询，查明事故发生的原因。

经过调查，这是一起外协队伍违规作业、安全防范措施不到位；项目部安全培训教育不到位、隐患排查治理不到位、监督监管不到位而造成的一起生产安全事故。

1. 事故发生的直接原因

（1）施工承包人王某（某开发有限公司职工）法律意识淡薄，在未取得公司法人委托书及相关资质的情况下，非法进行坑道施工。

（2）外协人员安全意识淡薄，擅自进入残留有毒有害气体的平硐内，窒息死亡。

2. 事故发生的间接原因

（1）安全防范措施不当

2008 年 11 月 3 日晚 9 时左右，硐内爆破作业后，工程承包人王某虽然告诉施工人员因柴油机故障影响照明和通风，需要停工修理，晚饭后全部人员停工休息，但对平硐洞口并未采取有效的围挡封闭措施。

(2)安全培训教育不到位

项目部仅对施工承包人王某和施工队安全员庄某(死者之一)进行过安全提示,其他人员未进行针对性的安全知识教育或者岗前培训。

(3)隐患排查治理不到位

项目部及工程承包商未对爆破后存在的安全隐患采取及时的防范措施。

(4)监督检查不到位

①对分包方必须具备相应的资质条件、安全生产资格证、意外伤害保险购买情况未进行严格审查。

②项目部对重大危险源和隐患的整改监管监控不到位。

预防措施

1. 切实强化安全管理和职工教育培训。立即组织项目部全体人员、承包单位管理人员、从业人员进行安全培训。要健全完善安全生产责任体系,根据机构设置职责规定,全面明确管理层、作业层每个岗位的安全职责,完善责任追究和考核奖惩制度,形成完善的“谁主管、谁负责”的安全生产责任体系,全面落实安全生产责任制;要加强对职工及外协人员的安全教育与培训,增强目的性、针对性、实效性,不断提高安全技能、水平,尤其是事故应急处置能力。

2. 切实加强安全检查和隐患整改。要按照“全面排查、消除隐患”的要求,层层落实安全责任,确保安全隐患排查整治工作落到实处、不走过场、不留死角。重点部位、重点环节、重点人员要明确专人负责,确保万无一失。各单位要按照“谁主管、谁负责”的原则,对检查中发现的问题和隐患,能整改的要立即采取有效措施予以整改;暂时不能立即整改的,要制定并落实防范与监控措施,指定专人负责、限期整改、跟踪落实;对隐患严重不能保证安全生产的项目,要责令停产停业整改。

3. 切实健全完善涵盖作业全过程的规章制度和操作规程。所属各单位要从上到下加大力气堵塞漏洞,切实加强规章、制度、规程的建设,尤其要认真研究制定涵盖作业全过程的责任制和操作规程,实现全面覆盖、不留缺项、不留死角,并要针对新情况、新变化、新条件、新要求,不断加以改进、完善、创新和提升,使之更加全面、严谨、严格,堵塞各种漏洞。

案例5 某公路初勘工地农民工溺水死亡事故

发生时间:2012年8月29日

事故地点:某公路初勘深渡河段勘察工地

事故类别：淹溺

伤亡情况：死亡 1 人

经济损失：37 万元

事故经过

2012 年 8 月 29 日上午 8:30 左右，某Ⅱ级公路初勘工地上，某机台到河对岸进行勘察，钻机基本搬到位。当机台农民工胡某和程某(死者，男，21 岁)第三次抬柴油桶(约 15 升)过河行至河中间时，上游 3 千米处的深渡河Ⅱ级水电站突然发电放水，河水迅速上涨，程某慌乱中滑倒站起后，胡某一个人自行抱起油桶到达岸上。程某在其后拄着抬油桶的木棍过河，当行至距离河对岸 3 米左右处再次滑倒就被水冲走了，在冲走 20 米左右水流转弯处(该处有大石块，水流变向)人就不见了。

岸上的机长陈某和编录员马上求助当地老乡拨打了"110"求救，并让"110"警察通知水电站停止放水。然后他们便沿河搜寻程某，当向下游搜寻至 600 米左右的浅滩处，发现程某已被两名当地老乡发现并进行过急救，但已经没有呼吸。

通过施工单位与死者亲属反复协商和谈判，双方达成协议，由施工方一次性支付死者亲属补偿金 37 万元。

单位在得知消息的第一时间，迅速成立了事故调查组。由单位负责人任组长，成员由单位分管领导、纪委书记、安全科长、法律顾问和二级单位负责人组成。调查组于当日下午到达事发现场，8 月 29 日晚至 9 月 1 日调查组开展了事故相关情况的调查和处理工作。

经调查认定，某Ⅱ级公路初勘深渡河段勘察工地农民工溺水死亡事故，为一起意外死亡事故。

事故原因

1. 事故直接原因

程某在涉水过河时，意外摔倒，在被水冲走的过程中，头部撞击水中的大石块受伤后，丧失自救能力。

2. 事故间接原因

(1)电站放水时间没有固定，又没有提前发出警报。

(2)机台人员需要涉水过河，没有提前到电站了解放水情况，也没有派人在上游观测水情，以便上游来水及时告知员工，阻止其过河。

(3)施工人员没有按规定佩戴安全帽，导致被水冲走的过程中，头部失去保护而被石头撞伤。

(4)安全教育培训没有落到实处。施工单位安全交底、班前教育开展不够，施工人员缺乏必要的安全知识，对施工现场存在的安全隐患危险性认识不足，自我安全保护意识不强。

(5)发包商对该工程的施工安全监管不力，督促检查不到位。

预防措施

1. 落实三级安全教育。教育各级领导干部和职工树立“安全第一、预防为主”的思想，重视野外涉水、渡河安全问题。

2. 在涉及水区野外工作的地质职工，应配备相应的求生设备。

3. 对所有聘用和分包单位的农民工进行一次全面排查，对年龄、身体健康状况、精神状况等进行排查并登记备案。

4. 为农民工购买意外保险。

5. 对所有分包单位进行一次全面清理排查，确保其资质及安全生产能力。

6. 签订统一的安全协议、劳动合同、设备租赁合同。

7. 落实安全生产责任制，确保落实到机台班组。

案例6 某中环线勘察工程项目触电死亡事故

发生时间：2014年6月26日

事故地点：某中环线

事故类别：触电

伤亡情况：死亡1人

事故经过

2014年6月26日19时许，某中环线勘察工程项目在施工过程中，8#机（外协）CQK37号钻孔在准备安装钻塔时，钻塔不慎与上方10千伏电线接触，导致正在作业的机台工作人员郑某触电倒地。机长高某立即对郑某进行心脏复苏术。现场协调员张某立即拨打了120急救电话，并用现场的面包车将郑某送往医院。面包车大约往医院开行20分钟后，遇到接警前来的襄阳市襄州区人民医院的救护车，于是众人将伤员郑某转移到救护车上送往医院进行救治。20时10分，郑某经医院抢救无效被宣告死亡。

根据大队安全管理制度、大队与院签订的《2014年安全生产责任书》及院与项目部签订的责任书的相关规定，经大队第三次安委会讨论决定，对该起事故相关责任人的责任分析及处理意见如下。

1. 大队安全科于6月17日对该项目进行了安全检查，在检查中发现该项目管理人员配备较少、保险购买情况不明等问题，通过口头和书面形式提到要增加项目管理人员、确认购买保险人员名单，以及在钻机搬迁过程中要注意上空电线等注意事项，但没有及时与院领导沟通项目管理人员少的问题，对项目的隐患整改情况没有及时回头看、消除隐患，安全检查时不够仔细，负有安全管理责任。大队领导及大队相关管理部门接受局的处理。

2. 肖某作为该院院长，对该院安全管理工作负全面管理责任，在该起事故中应负领导责任，但在事故发生后积极组织事故处理，事故善后工作处置及时妥当。根据大队与工勘院签订的《2014 年安全生产责任书》的第三条第三款之规定，给予经济处罚 6000 元，全队通报批评。

3. 何某作为院分管安全的领导，对该项目安全管理工作负领导责任。根据大队与工勘院签订的《2014 年安全生产责任书》的第三条第三款之规定，给予经济处罚 5000 元，全队通报批评。

4. 鲁某作为该项目负责人兼安全员，全面负责项目现场安全管理工作，对本次事故机台作业现场的施工环境没有提前查看，没有督促项目部管理人员贯彻落实好工勘院安全管理制度的相关规定，在该起事故中应负直接安全管理责任。根据该院与项目部签订的责任书，给予经济处罚 1000 元，全队通报批评。

事故原因

根据对事故现场的勘查取证以及对事故相关人员的调查笔录和事故调查组的分析，造成本次事故的原因如下。

1. 造成本次触电事故的直接原因为违章作业、冒险作业。

8# 机在移机过程中发现孔位上方有电线的情况下，没有及时将情况反馈给项目部重新部署孔位避开上方的电线，而是根据以往施工经验作业。又因光线不足对电线高度估计错误，在没有采取相应安全措施的情况下继续冒险作业，最终钻塔与电线接触导致郑某触电死亡。

2. 项目部安全管理不到位、作业人员安全意识不强等是造成本次事故的间接原因。

(1)根据对机台作业人员易某、项目专职安全员鲁某的调查笔录，项目部没有严格执行该院安全管理制度的相关规定，在每个孔位复核后，项目部没有对钻孔周围的施工环境仔细查看，对现场存在的危险、危害因素没有进行辨识，导致没有及时报请甲方移动孔位避开危险作业区域。

(2)根据当地事故目击者岳某的调查笔录，他在 8# 机移机过程中，还提醒了机台作业人员要注意上方的电线，但没有引起机台作业人员的重视。机台作业人员的安全意识不强是导致本次事故发生的间接原因之一。

(3)根据项目专职安全员鲁某的调查笔录，项目开工后，由于在协调上存在较大难度，施工进度一直较慢，甲方已多次催促，项目部在管理上侧重于协调工作，对安全管理有所松懈。

(4)根据当地事故目击者岳某、机台作业人员易某的调查笔录，作业时间已超过项目部规定的作业时间 19 时，天色已晚，当天天气又为阴天，光线不足影响了作业人员对电线高度的正确判断。

预防措施

1. 切实强化安全管理和职工教育培训。落实三级安全教育。教育各级领导干部和职工树立“安全第一、预防为主”的思想，组织项目部全体人员、承包单位管理人员、从业人员进行安全培训。要健全完善安全生产责任体系，根据机构设置职责规定，全面明确管理层、作业层每个岗位的安全职责，完善责任追究和考核奖惩制度，形成完善的“谁主管、谁负责”的安全生产责任体系，全面落实安全生产责任制；要加强对职工的安全教育与培训，增强目的性、针对性、实效性，不断提高安全技能、水平，尤其是事故应急处置能力。

2. 切实加强安全检查和隐患整改。要按照“全面排查、消除隐患”的要求，层层落实安全责任，确保安全隐患排查整治工作落到实处、不走过场、不留死角。重点部位、重点环节、重点人员要明确专人负责，确保万无一失。各单位要按照“谁主管、谁负责”的原则，对检查中发现的问题和隐患，能整改的要立即采取有效措施予以整改；暂时不能立即整改的，要制定并落实防范监控措施，指定专人负责、限期整改、跟踪落实；对隐患严重不能保证安全生产的项目，要责令停产停业整改。

3. 切实健全完善涵盖作业全过程的规章制度和操作规程。所属各单位要从上到下加大力气堵塞漏洞，切实加强规章、制度、规程的建设，尤其要认真研究制定涵盖作业全过程的责任制和操作规程，实现全面覆盖、不留缺项、不留死角，并要针对新情况、新变化、新条件、新要求，不断加以改进、完善、创新和提升，使之更加全面、严谨、严格，堵塞各种漏洞。

4. 指定专职安全员，专职安全员必须经安全监督部门培训考核，持证上岗。

案例7　某勘查钻探施工项目物体打击事故

发生时间：2015 年 11 月 11 日

事故地点：某矿区

事故类别：物体打击

伤亡情况：死亡 1 人

事故经过

2015 年 11 月 11 日下午 4 时 15 分，由某探矿分队承担的某勘查钻探施工项目外协 11# 机作业人员彭某正在进行拆除钻探塔布拉绳时，因塔布拉绳拆除后改变了堆放的钻杆的力量平衡，致堆放的钻杆失稳，将站在钻杆上拆除钻探塔布拉绳的作业人员彭某带倒，在与钻杆一起滑落的过程中受到钻杆的冲击，彭某受伤。后经医院检查会诊，伤者颅内血肿，并立即进行了手术，手术后病情有好转迹象，但后来病情出现了反复，于 11 月 22 日经抢救无效死亡。

根据单位《安全管理制度》、与探矿分队签订的《2015 年安全生产责任书》及探矿分队与项目部签订的责任书的相关规定，事故调查小组对该起事故相关责任人的责任分析及处理意见如下。

1. 王某身为探矿分队队长，对该队安全管理工作负全面管理责任，在该起事故中应负领导责任，在事故发生后积极组织事故处理工作，事故善后工作处置及时妥当。按照单位与探矿分队签订的《2015 年安全生产责任书》进行处理，给予通报批评处分。

2. 叶某作为探矿分队安全分管领导，对该项目安全管理工作负直接领导责任，在事故发生后积极地协助外协单位进行事故善后处理工作。按照单位与探矿分队签订的《2015 年安全生产责任书》进行处理，给予通报批评处分。

3. 邓某作为探矿分队专职安全员，对该项目安全管理工作负安全管理责任，在事故发生后积极协助外协单位进行事故善后处理工作。按照单位与探矿分队签订的《2015 年安全生产责任书》进行处理，给予通报批评处分。

4. 对项目相关责任人根据探矿分队与项目部签订的责任书，由探矿分队进行处理，报单位备案。

事故原因

经现场勘查，并结合对事故相关人员的调查笔录和事故调查组的分析，造成本次事故的原因如下。

1. 造成本次事故的直接原因为，钻探施工结束后堆放钻杆的场地选址存在安全隐患，码放钻杆过多，同时采取的支护措施不符合安全要求。11# 机在进行钻机钻具、机械设备拆除时，对于钻具的摆放，只重点考虑了设备物资搬运，没有仔细考虑堆放钻杆的边坡上两棵树干直径为 6～7 厘米的松树的支撑力，也没有另外采取支撑措施，将全部钻杆集中堆放，最终因钻杆堆放过高过重失稳，钻杆垮塌致人受伤。

2. 项目部安全管理不到位、作业人员安全意识不强等是造成本次事故的间接原因。

(1)根据对机台作业人员游某、项目专职安全员张某的调查笔录，项目部对钻机施工过程中和钻塔拆除等危险性较大的环节进行了重点管理，对钻具的拆卸、堆放等危险性相对较小的环节只是对钻机机台作出了要求，没有到现场进行查看，管理不到位。

(2)根据对机台作业人员贺某、晏某、黄某、朱某的调查笔录，现场作业人员对钻杆堆放可能垮塌引起的后果估计不足，没有认真落实钻杆堆放的相关规定，机台作业人员的安全意识不强是导致本次事故发生的间接原因之一。

预防措施

1. 充分认识安全生产的重要性，牢固树立“首位”和“红线”意识。

单位上下要牢固树立安全生产的“首位”、“红线”意识，始终把安全生产放在首位，始终坚守这条不可逾越的红线。

2. 严抓安全规定的落实，安全管理做到全员、全过程、全范围。

在安全管理工作中，一是项目部要将各机台各项安全规定的落实作为日常安全管理的重要内容；二是对生产的全过程进行监督管理，不能光紧盯危险性较大的重点环节，对危险性相对较小的环节也不能放松，尤其是在材料堆放、场地平整等方面。只有做到了全员、全过程、全范围的管理，才能最大程度保证生产安全。

3. 进一步强化安全教育，提高安全教育的针对性和有效性。

安全教育要到位，在项目施工过程中也要经常开展安全教育，对安全教育的内容应根据施工工艺不同、作业环境不同等作出相应调整。对机班长的安全培训要增加安全检查的方法、如何发现隐患、如何采取有效隐患整改措施等有针对性的内容，提高机班长开展安全自查、隐患整改的能力。

4. 进一步加强外协机台和队伍的管理，真正把外协机台、队伍纳入本单位安全生产的统一管理之中。

案例8　某矿区钻探施工项目工人猝死事件

发生时间：2012年10月20日

事故地点：某矿区钻探施工项目

事故类别：工伤

伤亡情况：死亡1人

事故经过

2012年10月20日，某矿区整装勘查项目ZK701孔钻探施工机台25#机班长曹某，下午2:00左右下班回宿舍休息，与机台同事一起吃过晚饭后外出散步，于19:00左右自己感觉有点不舒服，想回宿舍喝水。曹某返回宿舍后，在宿舍的同事问他怎么回事，曹某说肚子有点痛，于是喝了少量开水，饮水后随即呕吐，当时旁边两同事即刻上前搀扶，并发现病症较严重，立即电话联系车辆，准备送曹某去赤马山矿卫生室，走了两步，曹某即瘫软在地，不省人事。同事立刻跑步找来卫生室医生对其进行人工呼吸和心肺复苏抢救，抢救医生发现病情严重，建议立即送医院抢救，在送往白沙镇卫生院的路上，曹某已经停止呼吸，到达白沙镇卫生院后经医护人员检查后宣布曹某已死亡。

白沙镇派出所出警后，对在场人员、曹某同事做了询问笔录，在查明情况后宣布曹某系正常病亡，并通知家属到场。

10月21日在当地维稳中心、白沙镇派出所、曹某老家村委会负责人的主持下，25#机承包人张某与死者家属达成经济赔偿协议，10月22日上午双方签订协议，家属将死者运回老家安葬。

防范措施

曹某属于正常病亡。在善后处理完毕之后，局属单位某公司组织项目部专门召开会议，消除此次事件对项目人员情绪的不利影响，要求全体人员统一思想，提高安全意识，以积极的工作态度投入到后期施工过程中去。措施主要有两点。

1. 进行安全教育，吸取事件教训。一是项目部组织对项目班组施工人员开展一次全员安全教育；二是对项目部管理人员进行安全教育；三是公司在月度安全生产例会上对公司所有项目部主要管理人员进行一次安全教育；四是定期对员工进行体检，关心员工的身体健康状况。

2. 加强分包单位的管理，加强工人的管理，及时掌握在场施工人员的身体健康状况，对一些存在健康风险隐患的施工人员进行认真清查、提早劝退。

案例9　某矿区浅孔取样钻孔位放样作业职工因病意外死亡

发生时间：2014年8月6日

事故地点：某矿区

事故类别：工伤

伤亡情况：死亡1人

经济损失：约56万元

事故经过

2014年8月6日中午12时左右，某单位承担的某矿区浅孔取样钻孔位放样作业中，张某配合测量人员胡某完成浅孔取样钻孔位放样工作后收好仪器随同胡某下山，胡某在前，张某在后，司机余某开车在山下约定地点等待。几分钟后胡某到停车处时回头没看到张某，以为张某在后面小便，便在车内等待，几分钟后余某发现张某还没到达停车处，就和胡某一同上山找张某，胡某熟悉地形走小路，余某则沿挖机新开的临时简易便道（视野较开阔，能看见工作区）搜寻，期间余某拨通过一次张某的电话，问他情况怎样，张某说没什么，就是有点胸闷，余某告诉张某找个阴凉处休息，他和胡某来接他，张某没回应，挂掉了电话。余某继续沿挖机路搜寻，在挖机路端点处看见张某在对面山坡晃动，大喊让他保持体力，找个阴凉通风处休息，接着就看不见了，余某此时觉得事态严重，立即通知地质组和钻探组组织人员上山救援，同时拨打120和110请求救援，并报告单位领导。

14:15左右，胡某在余某的指引下先发现张某，他躺在地上，此时已神志不太清醒，呼吸较困难，胡某立即给张某喂食“人丹”并解开张某的衣服用帽子对其进行扇风解热。稍后张某病情迅速恶化，呼吸微弱，胡某尝试对其进行人工呼吸和心脏按压，此时，大队领导、地勘部领导及项目部部分职工纷纷赶到并参与救援，14:50左右医务人员赶到现场并接手救援，继续施以人工呼吸和胸外心脏按压并先后注射两支强心针。15:50左右，众人将张某抬下山由救护车送到黄石市第一人民医院救治，该院诊断认为系突发心脏疾病所致，17:30左右，医生宣告张某抢救无效死亡。

鉴于张某于下班途中不幸发生意外，经多方抢救无效死亡，该队本着依法依规和人性化关怀的原则，与张某家属充分协商，于8月8日达成了如下意见并签订了协议书。

1. 该队先垫付其丧葬补助金16776元和一次性工亡补助金539100元，合计555876元。

2. 该队基于人文关怀，从工会等渠道给予精神抚慰等补助60000元。

随后，该队向所在地市医疗保险局启动了工伤保险赔付工作。2014年12月19日，该队收到医疗保险局的工伤保险赔付金555876元。

事故原因

突发心脏疾病所致，抢救无效死亡。

预防措施

在事故善后处理完毕之后，局属单位某公司组织项目部专门召开会议，消除此次事件对项目人员情绪的不利影响，要求全体人员统一思想，提高安全意识，以积极的工作态度投入到后期施工过程中去。

1. 加强入场施工人员管理，进一步完善施工人员实名制信息档案。

2. 进一步加强与负责人、施工人员的沟通，更深入掌握在场施工人员的身体健康状况，对一些存在健康风险隐患的施工人员进行认真清查、提早劝退。

3. 进一步明确划分此类安全风险责任的分担，完善分包合同和安全协议中的安全责任及须承担的经济责任条款。

4. 工人安全意识尚须提高，应进一步加强安全教育。

第四部分　道路交通事故案例

案例 1　凤凰隧道“7·28”交通事故

发生时间：2010 年 7 月 28 日

事故地点：凤凰隧道北硐出口

事故性质：车辆伤害

伤亡情况：重伤 1 人

经济损失：38 万元

事故经过

2010 年 7 月 28 日 22 时 30 分左右，某单位探矿工程处司机邹某（男，1960 年生，内退返聘职工），在吃晚饭后（有饮酒行为），无派车单私自驾驶工程处皮卡车在经过施州大道返队途中，于凤凰隧道北硐出口 60 米左右的地方撞到横穿公路的女孩谭某（15 岁），造成女孩左大腿骨折。

事故原因

1. 司机邹某公车私用，在无派车单的情况下私自驾驶工程车外出。

2. 司机邹某无视规章制度，酒后驾车。

预防措施

1. 各单位加强驾驶员交通安全意识，杜绝酒后驾驶、疲劳驾驶等不良驾驶行为。

2. 经常督促司机学习安全行车规程，出车前要对司机进行安全教育。

3. 强化相关管理办法，制定公车私用专项整治工作方案。

4. 严格遵守劳动纪律，严格遵守安全生产操作规程。

案例 2　武汉市丰茂路“4·30”交通事故

发生时间：2011 年 4 月 30 日

事故地点:武汉市丰茂路三江航天城十字路口

事故性质:交通伤害

伤亡情况:死亡1人

经济损失:36万元

事故经过

2011年4月30日下午3时30分左右,某公司外聘驾驶员罗某(男,36岁)驾驶搅拌车执行送砼任务返回公司途中,在丰茂路三江航天城十字路口(路口无红绿灯)由南向北行驶中其右侧前灯处与一由西向东行驶的一辆电动车后备厢发生碰撞,致使电动车驾驶员段某(男,69岁,武汉化工厂退休工人)头部着地受伤,经抢救无效死亡。

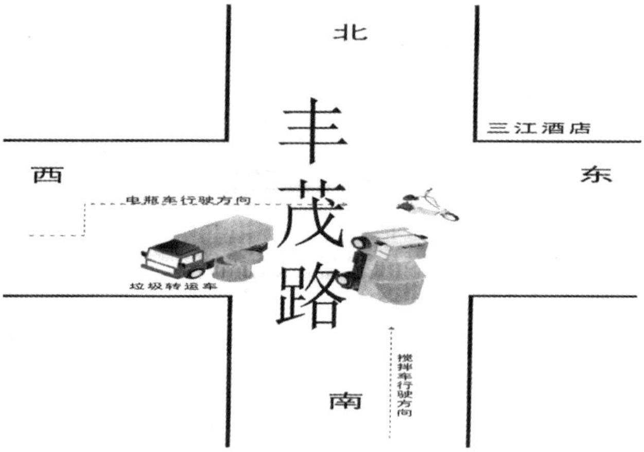

事发地位置图

事故原因

1. 直接原因

(1)罗某驾车通过十字交叉路口时,未仔细观察,在没有道路中心线的道路上超速行驶,是此次事故发生的原因之一。罗某负此次事故同等责任。

(2)段某驾驶制动器不符合安全技术条件的二轮电动车,通过没有交通信号灯控制也没有交警指挥,在没有交通标志、标线控制的交叉路口,未在路口外停车瞭望,未让右方道路的来车先行,是此次事故发生的又一原因。段某负此次事故同等责任。

2. 间接原因

(1)驾驶员安全意识不够强,思想麻痹,对周边的交通环境没有引起高度重视。

(2)车队对驾驶员行车安全教育不够,车辆安全管理措施有待加强。

事故调查处理情况

事发当日由公司经理王某、主管安全生产工作党总支书记张某、副经理张某成立以王某为组长、张某为副组长、相关人员为成员的紧急应急和事故善后小组。

1. 事故责任认定

(1)经硚口大队事故科认定,罗某负同等责任。

(2)公司经理王某作为单位安全第一责任人对安全事故负有领导责任;公司分管安全生产工作的分管领导对安全事故应承担安全管理责任。

(3)公司调度部、车队对车队安全管理工作抓得不够,安全管理措施不得力,应承担安全管理直接责任。

(4)公司安全生产部负责人、专职安全员对安全管理的监督、检查不够,应承担安全管理责任。

2. 事故处理情况

(1)对肇事驾驶员,按照公司《安全奖惩办法》和《安全生产责任书》予以罚款和处罚:

①扣除当月单车安全奖;

②按公司《安全奖惩办法》相关规定罚款18000元;

③按责任状奖励金额3000元的80%罚款2400元;

④处以停岗半年处分。

(2)对公司经理王某、分管安全工作党总支书记张某、公司安全生产部负责人刘某按照省局和工程院《安全生产目标管理责任书》予以100%罚款:王某罚款9000元(省局6500元、工程院2500元)、张某罚款7000元(省局5000元、工程院2000元)、刘某罚款5500元(省局4000元、工程院1500元)(最终以局、院考核结果为准)。公司调度部分管领导李某、部门负责人刘某、车队长叶某按照公司《安全生产目标管理责任书》予以300%的罚款:李某罚款9000元、刘某罚款9000元、叶某罚款9000元。

预防措施

1. 加强公司所属各级领导安全生产法律、法规的学习。牢固树立"安全第一、以人为本"的观念,增强各级领导的安全责任感,提高领导的安全生产管理水平,切实把基层的安全生产工作抓牢抓实,杜绝安全事故发生。

2. 进一步落实各级安全生产责任制,强化责任意识,开展全员安全技术培训,完善安全制度的修订,严格事故处理"四不放过"的原则,对违章行为及时处理,决不姑息迁就。

3. 通过召开事故分析会,举一反三吸取事故教训。在全公司范围内开展查隐患、反"三违"活动,杜绝违章行为,消除麻痹思想。

4. 坚持严格的安全教育培训工作,把有关安全生产的法规、规范、规章制度、操作规程落实到生产的各个岗位;坚持先培训后上岗的制度,对特种作业人员严格培训、考核、持证上岗。

5. 严格执行车辆管理制度,狠抓车辆超速行驶,不论在厂内还是厂外,凡是超速行驶，发现一个重处一个，决不姑息。

6. 车辆有故障及时通报调度部领导，及时排除隐患，决不让“带病”车辆上路。

7. 加强交通安全法律、法规的学习，通过对典型案例的剖析，举一反三，深刻吸取教训，牢固树立安全行车的意识。

8. 强化安全监督人员督查制度，组建安全生产督查组，制止生产、运输过程中的违章、违法行为。

9. 坚持每星期至少召开一次班组安全会议，确保公司安全生产的顺利进行，保障班组成员在生产劳动过程中的安全与健康，提高班组成员的安全意识。

案例3 某矿山恢复治理工程第四标段“9·6”交通意外死亡事故

发生时间：2012年9月6日

事故地点：某矿山恢复治理工程第四标段

事故类别：一般交通意外事故

伤亡情况：死亡1人

事故经过

2012年8月30日，某项目部接到监理及业主通知，应市重点项目指挥部要求，对覆土区受暴雨冲刷形成的冲沟进行修补。项目部当时回复监理及业主，问能否待初步验收之前再进行统一修缮，但是业主回复态度强硬，不容协商。鉴于此，项目部只得制定维修方案，从施工区外的半山腰卸土点人工二次转运土方到施工区域。

2012年9月6日上午8时，现场负责人冷某电话通知供土老板卫某，为工地供应两车黏土，卫某雇来孙某（男，49岁）开车，并于上午11时亲自押车到半山腰卸土点。卫某先下车指挥，正待卸车，货车却顺公路往山下溜滑，车速不快，溜滑140余米（由于驾驶员孙某缺乏经验，错过了三次避险和一次逃生机会），最终在急弯处坠落至高约20米的陡坎下，当即车毁人亡。

事故发生后，项目承接单位立即派专人赶赴现场进行调查。结果如下：

1. 事故造成1人死亡，车辆报废，直接经济损失约5万元。

2. 事故车辆为2007年2月11日出厂的大地牌自卸汽车，车牌号为鄂B×××××。

3. 死者孙某（事故车辆驾驶员），男，现年49岁，身份证号码402×××19630312××××。

9月6日交警现场初步认为是车辆刹车失灵和人为操作失误造成的交通意外事故。9月8日，市国土局召开会议告知，按一般交通意外事故处理。

事故原因

事故发生的直接原因是驾驶员操作严重失误以及车辆刹车失灵。据现场交警对事故性质的初步认定和市国土局会议上掌握的情况，该事故不属于安全生产事故，按一般交通意外事故处理。施工方与土方供应商为买卖关系，与死者孙某不存在劳务关系，故公司与此事故没有直接关系，不承担任何责任。

事故调查处理情况

此工程由某公司承接，负责本项目的实施。项目实施过程中，覆土绿化分部工程由某站与江西省某公司签订了工程施工劳务合同。公司法人代表为洪某，施工现场负责人为冷某。工程所需土方供应商为个体老板卫某。虽然公司与此事故没有直接关系，可以不承担任何责任，后因供土商卫某逃避责任，与死者家属没有达成补偿协议，公司从人道主义的角度给予救助和补偿共计35万元。

预防措施

1. 加强安全监管，将外协单位纳入统一的安全管理。

2. 合作单位要有齐全的安全资质，经济实力强，信誉良好。

3. 事故发生后应及时向上级报告。

4. 加强对施工人员的安全教育培训，提高安全意识，开展经常性的安全检查和隐患排查。

5. 加强对外协及合作者的设备、设施的调查评估，设备不完好不许使用。督促外协单位与协作各方签订书面协议，明确安全责任。

第五部分　地质野外作业事故案例

案例1　某整装勘查项目实习人员自行游泳溺水死亡事故

发生时间：2013年6月19日

事故地点：许家咀矿区

事故性质：非责任事故

伤亡情况：死亡1人

经济损失：54万元

事故经过：

2013年6月19日上午，某单位地质实习人员陈某（男，26岁）、谢某、杨某和地质编录指导员邓某（大队返聘的退休职工）到许家咀矿区进行钻探地质编录，陈、谢、杨三人分别负责ZK1901、ZK1702和ZK1701的地质编录工作。

10:10左右，陈某完成ZK1901的编录工作来到谢某编录的正在见矿的ZK1702机台等待谢某，当时天气炎热，陈某向谢某提议下河游泳，谢某说水较脏且有水草，叫陈某也别去，由于谢某工作未完还在低头编录，陈某什么时候脱了衣服，谢某并没有注意到，谢某再一次见到陈某时，见陈某正在水边往河里走。邓某从机场内出来时，发现陈某已游到港中间了，觉得陈某水性不错就又进机场工作。10:20左右，邓某在喝水时问陈某上来没有，钻机机台负责人说刚才就在河边游泳，游到距岸边2米处，可能已经上岸了，邓某呼喊陈某无应答，后看到陈某衣服还在岸边，遂判断陈某已溺水。立即进行打捞，在距岸边约3米处水下发现陈某（被水草缠绕）并将其打捞上岸，进行胸外心脏按压和人工呼吸。最后送至大冶市人民医院急救，13:00左右，医生宣告陈某抢救无效死亡。

事故发生后，为严肃纪律，提高相关责任人的责任意识，依据相关规定，作如下处理：

1. 扣除大队主要负责人、分管安全负责人、安全科长当月安全津贴；

2. 扣除地勘部主要负责人、分管安全负责人、专职安全员当月安全津贴；

3. 扣除西北段整装勘查项目负责人当月安全奖。

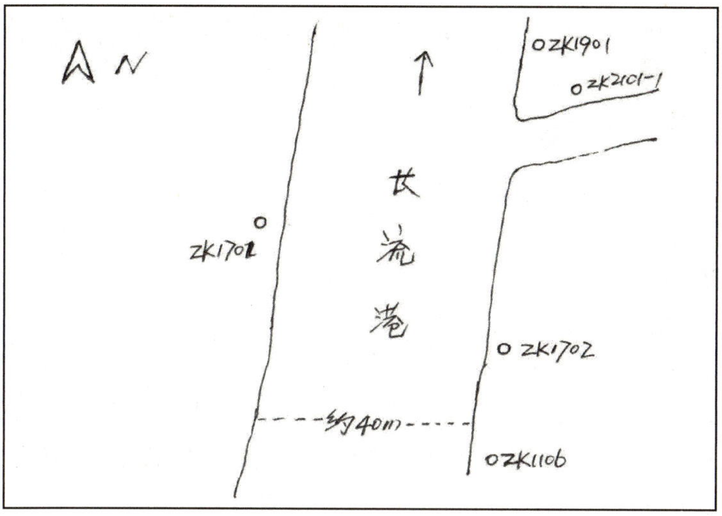

事发地位置图

事故原因

1. 陈某自恃会水,缺乏安全意识,不听劝阻。在已知晓河中有水草的情况下,仍坚持下河游泳,最终不幸溺亡。

2. 邓某作为指导员,管理不严格,在发现陈某下水后,并未采取强制果断措施,任由陈某继续游泳。

3. 单位对野外作业人员的安全教育不到位,存在一定的安全管理责任。虽然对陈某进行了三级安全教育、岗位危害因素辨识告知、安全技术交底,同时也签订了班组安全生产责任书和安全互保协议,但仍未引起陈某对安全生产的高度重视。

4. 地勘部对职工劳动纪律虽然进行了教育和强调,但在严加管理和执行力度方面仍存在较大漏洞,地勘部对此次事故负有管理不严、执行纪律不严的责任。

预防措施

1. 教育各级领导干部和职工树立“安全第一,预防为主”的思想,重视野外涉水安全。

2. 野外施工场所临水岸边树立“严禁游泳”警示标志。

3. 要求各二级单位进一步加强安全教育,加强遵章守纪教育,把安全培训和安全教育工作落到实处,使每一位员工通过此次事件,真正认识到遵章守纪的重要性。

4. 各二级单位分别召开安全工作会议,强调劳动纪律和夏季安全生产工作。

5. 再次深入班组、机台进行安全检查回头看,切实保障夏季安全生产。

案例 2　某地质队物体打击死亡事故

发生时间：2001 年 2 月 5 日

事故地点：昌平区监狱工地

事故类别：物体打击

伤亡情况：死亡 1 人

事故经过

2001 年 2 月 5 日下午 3 时许，某地质队五中队机长卢某带领中队汽车钻班长侯某、机工董某、刘某、张某、工程师阎某等 5 人在昌平区监狱工地使用 DP100 型汽车钻机采用冲击钻进工艺进行基础勘察，在 91 号孔位钻进到 80 厘米处时，因遇到漂石无法继续钻进，机长卢某决定移孔重打。移机对准新孔位后，由侯某（死者）操作，进行冲击开孔，第一锤刚落，只听见侯某喊了一声“躲开”，听到喊声后，现场除侯某外，所有人员均由原位向后撤离，而侯某继续站在操作位置上，此时冲击器与开孔器之间的接手折断，冲击器断头着地，向钻机左后方 45 度角时，由于钢丝绳吃劲，致使冲击器向侯某所站的方向由上而下倒去，一直在操作位上扶着制动手柄和升降手柄的侯某见势不妙，即向车前方躲避，躲避至操作位置约 1.4 米处时，正好被倒过来的冲击器打中头部左侧（安全帽被打落），致使头部右侧撞到打开的车厢板上，冲击器继而落地，侯某口鼻冒血。见此状后，机长卢某立即组织抢救，先将伤者送到附近一所部队医院救治。因伤势严重于当日 17 时转往昌平医院救治。18 时，昌平医院对侯某实施了头部手术，清除了颅内瘀血和骨片，21 时 40 分手术结束后送入病房观察。凌晨 1 时 50 分伤势恶化，经院方努力抢救无效、侯某（男，51 岁）于凌晨 2 时 30 分许死亡。

本次事故丧葬费、抚恤金、一次性补贴、抢救治疗费等合计为 96686.30 元。

事故原因

1. 直接原因

冲击器与开孔器之间的接手折断，致使冲击器下端着地倾斜旋转打击死者头部。

2. 间接原因

（1）劳动防护用品使用不正确（安全帽没系带）。

（2）受害人在紧急情况下闪躲不及时。

3. 主要原因

（1）冬季施工生产作业环境不良。

（2）操作者操作不当。

(3)安全教育不够,职工安全意识不强,缺乏危险预知和自我防范技能。

(4)现场安全管理不到位(无施工合同且未通知安全部门)。

预防措施

1. 加强安全管理,做好施工现场的安全检查,严格执行安全操作规程。

2. 加强安全教育,严禁违章作业,坚决制止违反安全规程的行为。

3. 认真落实安全防护措施,配备必需的劳动防护用品,并保证工作人员正确佩戴。

案例3　某地质队触电死亡事故

发生时间:2002年7月29日

事故地点:新郑高速四标段某地质队

事故类别:触电

伤亡情况:死亡1人

经济损失:58000元

事故经过

2002年7月29日中午,新郑高速四标段某地质队项目部经理张某安排班长赵某(电焊工)从事电焊作业,欲将护筒进行切割,安排郝某(临时工)协助赵某进行电焊,安排临时工王某(男、19岁)挖排水沟,将晚上下的雨水从现场排出去。

中午11:40左右,班长赵某让郝某把焊把线和地线拉到护筒旁以便开始切割,就回去拿焊帽和焊条。郝某到旁边的机台去借了一副防水手套,先把焊把线拉到护筒旁放在地上,又去拉地线往护筒上面搭,由于护筒上全是泥,护筒又很高,郝某搭了几次搭不上去。这时候在旁边挖排水沟的王某看到后,就放下手里的活跑过来,右手从郝某手里接过地线上的铁钩准备往护筒上搭,左手紧接着捂了上去。这时郝某见王某情况异常,伸手要去拉他,王某说"有电,别动我"。郝某就赶紧跑过去拉闸断电,回来后王某已经躺在地上,不省人事。现场进行了人工呼吸等急救措施,然后送到当地的县医院进行抢救,一个多小时后,宣布王某抢救无效,触电死亡。

事故的直接经济损失为58000元,其中包括本次事故丧葬费、抚恤金、一次性补贴为50000元,抢救治疗费以及食宿、车费等杂费8000元。

事故原因

1. 直接原因

死者王某缺乏安全意识、违章作业,在未采取任何防护措施的情况下,擅自进行特殊工种的作业。王某不具备特殊工种作业资格,没有焊工操作证,也没有安排他进行这项工作,由于他擅自进行特殊工种的作业直接导致了这起事故的发生。

2. 间接原因

(1)临时工郝某在现场泥泞潮湿的这种不良条件下违章作业并且违反操作规程,随意把焊把放在地上。焊把线与大地相连后,经过大地、人体、地线形成回路。经过模拟测试,在当时现场条件下从焊把到事发点即地线端头处2.3米,实测大地电阻只有120欧姆,当时电焊机的二次侧标称电压40伏,后经实测为50伏。在这种潮湿的条件下,王某赤着双手,脚上的布鞋已湿透,人体的电阻只有800～900欧姆,流经人体的电流约为51毫安,时间和强度大大超过了人体短暂允许电流30毫安的限度,造成了王某的死亡。

(2)设备保护措施不到位,未采取空载降压的保护措施。

(3)班长赵某违章指挥,安排普通工作人员郝某从事特殊工种作业。

(4)未进行安全教育,作业人员的安全技能和安全意识差。

(5)现场作业条件不良。

3. 主要原因

郝某违章作业和违反操作规程,致使焊把线与大地相连。

预防措施

1. 深刻反思和吸取事故教训,严格履行安全生产主体责任,加大现场安全管理和隐患排查力度,杜绝违章作业。

2. 禁止违章作业。采取教育、监督、罚款等手段消除工人的不安全行为。

3. 加强三级安全教育,提高各级各部门负责人的安全意识,严格按照规章制度办事,绝不能违章指挥。

4. 严格落实"四不放过"的要求,要以本起事故作为案例,加强从业人员安全教育培训,增强安全教育培训的针对性和实效性,提高从业人员特别是特种作业人员的安全意识,及时消除安全事故隐患,培养良好的安全生产习惯。

第六部分　某地质勘查单位 2010—2016 年事故案例汇总

案例 1

事故经过

2010 年 4 月 9 日，某项目部在向曲麻莱县大场金矿出发途中，车辆坏在半山坡。项目部经理边某等想把车辆移到路边腾出道路，当时前面用牵引车拉住，李某用撬胎棍把左边轮胎底下石头撬出去后，又撬右边的石头，撬了几下没撬动，于是就用手去搬石头，这时车辆往后滑了一下，导致李某左手拇指、无名指、小指挫伤，左手中指远端骨折。

直接原因

李某违章作业以及项目部经理边某对现场安全工作缺乏检查和指导，未确认牵引车是否把车辆拉住就叫人去撬轮胎底下的石头。

处理结果

给予边某 1000 元经济处罚；给予李某 500 元经济处罚。

案例 2

事故经过

2010 年 5 月 11 日 18 时 30 分左右，某单位院内东小区 13 号楼 2 单元地下室发生可燃气体爆炸事故，1 人在送医院抢救途中死亡，4 人受伤。

事故原因

1. 在生活区地下室可燃气体聚集遇火源引起爆炸，直接原因可能是住户违规储存易燃易爆物品，因保管不善遇火种爆炸或因管道设备老化、腐蚀严重，缺少可燃气体泄漏报警保护装置，未定期进行安全检查和维修保养造成漏气遇火种爆炸。

2. 该单位的物业管理部门对小区住户的安全用气宣传不够、日常检查制度落实不力，对地下室存放和使用燃气无监管、无检查，造成住户在地下室违规存放、违规使用燃气等，为事故发生埋下了隐患。

事故教训

1. 可燃气体储存设备应符合相关安全规定，储存场所不应有火源或可能导致压力容器温度上升的热源，储存场所应保持空气流通。

2. 应加大对小区住户安全用气的宣传力度，定期对地下室的供气设施进行巡查，对违规存放和使用可燃气体的住户进行查处和清理，以保障生活区域的用气安全。

案例 3

事故经过

2010 年 6 月 26 日 20 时 15 分，某项目部在都兰县五龙沟施工，发电机工贺某，看发电机风扇叶片不动，在没有停机的情况下，违章左手去摸，被高速旋转的风扇叶片将左手拇指、小拇指割伤。

直接经济损失为 39000 元。

直接原因

贺某违章操作。

处理结果

贺某承担事故直接经济损失的 10%，即 3900 元。

案例 4

事故经过

2010 年 8 月 29 日 9 时许，驾驶员林某开车从香日德前往大场项目组。11 时行至 109 国道 2532 千米处发现大箱前部起火，造成驾驶室过火、货箱部分受损、部分货物烧毁。

事故原因

1. 车辆出发前未进行安全检查，所运输的物资中有阴燃特性的固体物质局部聚集热量，当车辆移动时空气进入货物空间内部形成可燃性混合气体，进而由阴燃转化为有焰燃烧，是导致这次事故的直接原因。

2. 该车辆未配备车载灭火器或已过期，对驾驶员安全教育培训不到位，安全意识淡薄、缺乏应急自救技能，在发现火情后未能及时扑灭，导致火灾损失变大。

事故教训

1. 用货车运输具有阴燃特性的物质时，应对车辆和所运输的货物进行安全检查，并做好相应的安全防护，以保障货物内部空气畅通，不形成可燃性混合气体。

2. 加强对驾驶员的安全教育培训，增强安全意识，确保运输安全。

3. 车辆应按规定配备灭火器具，并始终保持正常状态，能够在紧急施救时发挥作用。

案例5

事故经过

2010年9月15日15时，某项目部机台正在钻进时钻杆断扣，进行事故处理时，班长王某下钻锥钻杆没能锥起，用下夹持器夹住锥子，用动力头将锥子扳开。职工郭某想用手把锥子提起。此时班长王某操作失误，将动力头卡盘松开。当时主钢丝绳没有拉紧，钻杆迅速下滑，把正在取锥子的郭某的左手大拇指挤住。左手拇指远端指骨骨折。

直接原因

违章操作。

案例6

事故经过

2010年9月21日上午9:30左右，某项目部在施工时雇用人员张某准备换取卡瓦时，由于动力头太高，不易换取，准备下降一点。而此时张某的左手正放在动力头下方，班长王某未注意到就开始下降动力头，从而导致张某的左手食指被切断。机台负责人速将张某的手进行了消毒、包扎后，而后立即组织车辆将其往送往格尔木市，于当天下午4时后到达格尔木市二十二医院。

经医生对其检查诊断，左手食指骨折及第二关节以上缺陷。

手术结果:左手食指第二关节以上切除并缝合修复。

事故原因

1. 雇用人员张某安全意识淡薄，不遵守安全操作规程，违反了“运行中的机器设备不许擦拭、检修或进行故障处理”的规定，是导致该起事故的直接原因。

2. 班长王某在操作过程中注意力不集中，操作者与作业者缺乏密切配合，未能尽到指挥与协调职责。

3. 该公司安全管理不严、制度落实不到位，对职工安全教育不够，安全防护设施不完善，是造成这起事故的间接原因。

事故教训

1. 司钻人员应严格遵守钻探安全操作规程，设备运行中严禁进行维修作业。

2. 设备操作人员应集中注意力，操作前应确保司钻人员处于安全状态。

3. 健全各项制度和安全操作规程，明确岗位职责，增强制度规程在各岗位落实的执行力。

4. 加强对作业人员的岗前教育和岗位危险有害因素告知，并要求作业人员熟知安全操作应知应会的基本知识，有效提高作业人员的安全意识和安全技能。

案例 7

事故经过

2010 年 11 月 13 日，某物探分队在新疆于田县阿羌乡开展 1∶5 万磁法测量时，外雇探头工李某所在台班按分工的路线采集数据，在预定的收工时间未回到预定地点，全体人员立即上山寻找，天黑后仍未找到，第二天下午 4 时发现其坠崖死亡。

事故造成直接经济损失 332359.45 元。

事故原因

1. 该物探分队未严格遵守《地质勘探安全规程》的规定，违反了“在进行野外作业时，严禁单独外出进行野外地质勘查作业”的安全规定，是导致这次事故的直接原因。

2. 作业前准备不足，未对作业区域的危险有害因素进行全面辨识、分析与评价，未按规定对野外作业人员配备必要的通信设备，并定时保持通信联系的要求。

3. 对员工安全教育培训不到位，导致李某安全意识淡薄，对作业环境中存在的危险因素认识不足，个人安全防护能力不足，野外自救能力欠缺。

事故教训

1. 应在野外作业前对工作地区的地形情况及危险有害因素进行全面辨识、分析与评价，并做好安全技术交底和岗前危险有害因素告知，对有危险的区域要提前采取安全措施，以保障作业人员在作业过程中的安全。

2. 作业人员应在彼此的视线区域范围以内，并定时保持联络，禁止单人进行野外作业。

3. 应为野外作业人员配备必要的通信设备，并保持通信畅通，及时了解作业人员的现实状况，以保障野外作业人员都按约定的时间和路线返回约定的地点。

案例 8

事故经过

2012 年 7 月 1 日 12 时 20 分左右，在野马泉矿区施工的某项目部机台正在施工时，由于立轴钻杆掉落，致雇佣人员马某左手砸伤，拇指近节指骨中间切断。估算直接经济损失 73600 元。

直接原因

人的不安全行为(违章操作)。班长沈某在施工中，未按操作规程作业，在整个操作过程中提引器都没有挂在立轴上，且顶起立轴后未把钻机后移，是导致这起事故的主要原因。

事故处理

1. 项目负责人刘某承担事故直接经济损失的 10%，计 7360 元。
2. 班长沈某承担事故直接经济损失的 10%，计 7360 元。
3. 对分院副院长何某进行全院通报批评。
4. 对分院兼职安全员梁某进行全院通报批评。
5. 以上罚款由财务科负责从个人工资中扣罚，监察部门负责监督执行。

案例 9

事故经过

2012 年 4 月 27 日 13 时，在江仓矿区某项目钻探施工的钻机，在钻孔开孔仪式上，由于放鞭炮将草场引燃，经各方全力扑救，明火于当日 16:30 左右被扑灭，暗火于当日 20:30 左右被扑灭，经测量，过火面积为 100 亩①左右。

事故原因

钻机施工现场负责人违章指挥、违章操作，违反野外动火规定，且不听项目部技术人员劝阻，无视前一天项目组验收时宣布的草场防火规定，一意孤行，在没有任何安全保护措施和专人监管的情况下燃放鞭炮，是造成此次事故的主要原因。

① 1 亩=666.7 平方米。

案例 10

事故经过

2012 年 4 月 28 日，某院矿产所虎头崖—景忍东项目组安排毋某、尚某二人到格尔木办事。尚某驾驶北京吉普车，下午 5 时左右行驶至拖拉海 61～62 千米处，由于汽车右前轮胎突然爆胎，车辆失控滑下路基造成翻车。毋某右侧 1～7 根肋骨骨折，肺部有轻微挫伤。直接经济损失 22144 元。

事故原因

项目分队安全管理不到位，责任不落实，驾驶员未严格执行院车辆运输安全管理规定，存在侥幸、麻痹思想。

事故处理

1. 项目负责人刘某安排有高原反应的尚某驾驶车辆欠妥，负有主要领导责任，院决定给予刘某罚款 1500 元。

2. 项目分队安全员毋某负有安全监管责任，院决定给予毋某罚款 1000 元。

3. 外聘司机尚某，在行驶过程中未严格执行院车辆运输安全管理规定，对这起事故负全部责任，决定尚某承担事故经济损失 3500 元。

4. 事故的其他经济损失全部由项目分队承担。

案例 11

事故经过

2012 年 5 月 16 日 22 时 40 分，某单位厨房三顶帐篷同时着火，约 1 分钟烧尽。5 月 17 日 8 时 50 分电话报案。无人员伤亡，很少部分钻探资料被烧。直接财产损失为 39425.60 元。

直接原因

厨师王某在未经任何人同意的情况下，未按照操作规程安装火炉。火炉烟囱过短且没有连接烟筒拐节，导致飞火落到帐篷顶引燃伙房帐篷。在大风作用下，火势瞬间蔓延至其他两顶帐篷，导致事故发生。

间接原因

1. 机台伙食管理人员未及时灌装液化气，厨师没有按要求定期对液化气使用情况进行检查，导致液化气突然用完被迫使用火炉做饭是导致事故的诱因。

2. 机长封某作为机台安全生产第一责任人，未尽到管理职责，在火炉安装、伙房管理等环节监管不到位，存在管理缺陷，是事故发生的另一原因。

事故处理

1. 相关责任人处理意见

(1)厨师王某违章操作，造成火灾事故，对本次事故承担主要责任。根据《水工环调查院职工奖惩办法》，予以王某罚款500元，全院通报批评；

(2)机长封某对机台伙房管理不善，对厨师违章操作造成事故负有管理责任，予以罚款500元，全院通报批评；

(3)技术负责人王某未尽到监管职责，责成写出书面检查并给予批评教育。

2. 烧毁物品处理意见

(1)公共财产损失按院相关规定，事故责任人按一定比例赔偿；

(2)个人物品损失被褥、衣服等由院承担，其他物品经协商解决，给个人一定的补偿。

案例 12

事故经过

2012年8月9日某项目部5名聘用人员，因停工休息到驻地后面水坑游泳。水坑长约15米，宽约8米，边缘水坑深约1米，中央水深约4米，过程中共计3人下水，最终造成1人(民工朱某)溺水而亡。

事故原因

项目部聘用人员朱某是具有完全民事行为能力的人，在自己明知不会游泳的情况下违反单位规章制度私自在野外游泳，是导致这起事故的主要原因。项目部聘用人员朱某、赵某伙同朱某私自在野外游泳违反单位规章制度；项目部负责人湛某，对项目施工人员的安全教育、培训记录不详细且无本人签字，违反了“三级”安全教育有关规定；该矿区副分院长马某对项目聘用人员监管不力，这些是导致这起事故的间接原因。

处理结果

1. 根据安全违章处罚实施细则规定中第二类第16、17款的规定，给予项目负责人湛某1000元罚款。

2. 根据安全违章处罚实施细则规定中第二类第33款的规定，给予朱某、赵某500元罚款。

3. 对副分院长马某进行通报批评。

案例 13

事故经过

2013 年 5 月 11 日，聘用驾驶员李某驾驶车辆，搭载聘用技术员杨某自格尔木市前往俄博滩钾矿详查工区。当日 16 时许在行驶至国道 215 线 486 千米＋600 米处(距大柴旦行政委员会 20 余千米)，正在驾驶车辆的李某低头捡拾掉落在自己脚下的物件，致使车辆偏离车道，坐在副驾驶位的杨某提醒李某回正方向。由于驾驶员回方向过猛，操作不当，造成车辆失控，冲向中间水渠隔离带，发生侧翻事故。聘用驾驶员李某死亡，聘用技术员杨某轻伤。

事故处理

1. 对分院及安全科进行通报批评。

2. 根据大柴旦行政委员会公安交通警察大队出具的《道路交通事故认定书》和院事故调查组对杨某的事故调查记录，车辆在行驶过程中，驾驶员李某超速行驶和注意力不集中，且操作不当是引发此次事故的直接原因，在此次事故中负主要责任。鉴于责任人已经死亡，会议决定免除李某应承担的经济损失和相关处罚。

3. 分院分管生产及安全的副院长田某工作疏忽，违规聘用人员，应对此次事故负次要责任。会议决定对田某处以 3000 元的经济处罚。

4. 分院车班长苏某未严格履行班组安全教育职能，未及时安装车载 GPS 监控系统，应对此次事故负次要责任。会议决定对苏某处以 2000 元的经济处罚。

5. 安全科负责人马某未认真审核聘用驾驶员资质条件，应对此次事故负次要责任。会议决定对马某处以 2000 元的经济处罚。

6. 车管办王某责任心不强，未及时细致了解各分院车载 GPS 系统安装情况，应对此次事故负次要责任。会议决定对王某处以 1000 元经济处罚。

7. 分院院长谢某作为分院安全生产第一负责人，未严格履行工作职责，在此次事故中应负直接领导责任。会议决定对谢某处以 3000 元的经济处罚。

8. 分管分院的院领导郭某未及时发现和制止所分管单位的违规用人现象，在此次事故中应负分管领导责任。会议决定对郭某处以 2000 元的经济处罚。

9. 分管院安全生产的院领导万某，未严格履行聘用人员审批条件，在此次事故中应负有领导责任。会议决定对万某处以 2000 元的经济处罚。

10. 院长关某作为院安全生产第一责任人，在此次事故中应负领导责任。会议决定对关某处以 1500 元的经济处罚。

案例 14

事故经过

2013 年 6 月 23 日下午 4 时 20 分左右，某项目组在实施转场搬家过程中，驾驶员违规将未熄灭的烟头扔出窗外，致使未熄灭的烟头被风吹入装载项目物资的车厢中，引发火灾。

事故原因

主要原因是驾驶员辛某安全意识淡薄，违规将未熄灭的烟头扔出窗外，致使未熄灭的烟头被风吹入装载项目物资的车厢中，引发火灾。

事故处理

驾驶员辛某赔偿损失 2595 元，并处罚金 1000 元；采样工马某二人负责运输物资车辆安全押运工作，未认真履行安全监督职责，对事故负有直接监管责任，两人各处罚 200 元；项目负责人赖某对事故负有直接领导责任，赔偿损失 1730 元，并处罚金 500 元，予以全院通报批评；该院驻格尔木办事处负责人吴某对事故损失情况未进行实地核实，工作不负责任，处罚金 500 元；该项目组承担事故经济损失 12975 元。

案例 15

事故经过

2013 年 7 月 7 日 17 时许，某物化探所磁法项目组 8 人乘坐越野车牵引车收工返回驻地途中，在涉渡天骏县苏里乡宰尔莫合河接近对岸时被大石头卡住无法前行，在等待救援时由于洪水下来，河水越来越大，已经淹至越野牵引车车厢底板，经商量后决定人员先行上岸等待救援。所有人中只有职工周某有点水性，其提出先过河去找救援，并绑好绳子从驾驶室侧打开车门下河，下去时因水流太急被卷入车前轮与挡泥板中间无法动弹并呼喊求救，大家此时拉住绳子，外聘人员张某快速绑住绳子下水营救，因水流过急致绳子脱落被河水卷走，最终溺水身亡。

事故原因

1. 张某安全意识淡薄，在自己无游泳技能、无能力自救、对水域情况不明的情况下，擅自实施救助，是导致此次事故的直接原因。

2. 该所在出工前，未对作业区上游天气及降雨情况进行详细了解，对突然发生的洪水无专项应急救援预案，更无应急准备，施救现场缺少必备的救生衣、救生圈、皮艇等渡河安全防护器材。

3. 对员工所进行的安全教育培训针对性不强，员工安全意识淡薄，对当地洪水泛滥辨识不足，对洪水危害性认识不足，在车辆被困时未能引起大家的足够重视，人员没有迅速撤离至安全地带避险，造成有人违章指挥他人下河营救，且下水施救人员所采取的方法与措施不当。

事故教训

1. 在夏季雨水过多、经常发生洪水时段，在去往野外作业区的途中，需要渡河时，应提前了解和掌握作业区上游的天气变化、雨量等情况，并做好防洪的应急准备和应急储备，以保障应急需要。

2. 如遇车辆被困河里时，应将人员撤离到岸上等待救援。

3. 在实施救援时，应在确保自身安全的情况下进行救援，切不可盲目冒险施救。

4. 加强员工安全知识与安全技能培训教育，以增强员工的安全互保意识，以保障应急救援过程中的人身安全。

案例 16

事故经过

2013 年 8 月 19 日，承担百吨沟项目钻探工程任务的某公司外聘挖掘机驾驶员鲁某驱车前往项目部，车上连同驾驶员共 3 人，挖掘机在快到项目驻地时，由于驾驶员晚上疲劳驾驶、操作不当，致使挖掘机翻入谷底，导致 3 人当场死亡。

事故原因

1. 外聘挖掘机驾驶员鲁某，违章载人、疲劳驾驶、违章操作，是造成这次事故的直接原因。

2. 该公司对特种作业人员的监管不力，在鲁某出发前未进行安全提醒，造成鲁某违章载人、疲劳驾驶、违章操作，并对鲁某严重超载没有制止。

3. 该公司对全员交通安全教育培训不够，造成搭载人员不了解“挖掘机除驾驶员外的其他人不得搭载”的规定与要求。

事故教训

1. 加大对外聘特种作业人员监督与管理，增强安全意识，保障作业安全。

2. 要求驾驶员应严格遵守交通安全法律法规，严禁疲劳驾驶，自觉拒绝他人搭乘，当遇到突发情况时应沉着冷静，采取恰当的处理措施，保障行驶安全。

3. 严把外聘人员入门关，对驾驶人员的驾龄、技术、责任心进行考核，应与驾驶员应签订安全责任合同、明确安全责任，并定期检查，保障安全责任的落实。

4. 加强对全员交通安全知识的培训教育，告知全员哪些机械设备和车辆可以搭载、哪些不可以搭载等安全知识。

案例 17

事故经过

2013 年 9 月 13 日 17 时许，职工李某在沱沱河地区拉东空工区工作时，感觉胸闷、呼吸不畅，下车透气时，突然晕厥摔倒。于 21 时 30 分被护送到达沱沱河铁路急救站进行抢救，后经抢救无效死亡，初步认定死亡原因为心源性猝死，呼吸心搏骤停。

事故原因

1. 李某身体存在心脑血管疾病，高原高寒气候诱发心源性猝死，是造成这次事故的直接原因。

2. 岗前未对李某进行健康体检，对李某的身体所存在的隐疾未能及时发现。

3. 对全员进行应急自救互救相关知识的教育培训不够，当李某突然晕厥摔倒后，现场人员未能及时采用心肺复苏和喂服速效救心丸等措施进行抢救。

事故教训

1. 在高原从事野外地质勘查作业的人员应进行岗前或工作期间的定期健康检查，及时了解和掌握进岗前或在工作期间的作业人员是否符合高海拔地区作业的健康状况。

2. 对新聘用的临时工作人员在进岗前应进行健康体检，及时发现应聘人员身体所存在的隐疾。

3. 定期开展全员应急自救互救知识的培训或应急演练，并要求作业人员掌握基本的自救、互救知识，增强自我防护意识。

案例 18

事故经过

2014 年 10 月 3 日 21:00 当班班长丁某、齐某接班扫孔，扫至 778 米左右，发现钻杆送水不通，有憋车现象，22:30 左右班长齐某操作钻机提钻，班员张某在踏上活动工作台内，丁某、王某、谢某在钻机旁工作，提了两个单根（一个单根 6 米），当提至第三根时，塔上天车、平梁等突然坠落（天车、平梁连在一起，是一个整体），坠落过程中挂上了在塔上活动工作台内工作的班员张某（天车、平梁坠落时将张某左胸挤在活动工作台的钢筋护栏上）。张某左胸第四、七根肋骨骨折、骨折断端错位，左下肺页与第六前肋重叠处见片状高密度阴影。

事故原因

1. 当班班长齐某操作钻机提钻强拉硬提，野蛮操作，使钻塔超过有效负荷被拉弯，是造成事故发生的直接原因。

2. 作业人员安全意识淡薄，对班前检查制度和设备设施的维护维修制度执行不力，缺少日常的维护保养和安全检查，未及时发现设备（天车及平梁）的不安全状态和存在的隐患，造成设备带“病”运行。

3. 安全生产责任制和岗位安全操作规程未能得到有效落实，未严格执行孔内事故处理安全管理规定，有关交接班、班组互保等制度形同虚设。

事故教训

1. 对员工应加大安全操作规程的培训，提高全员安全技能。

2. 严格交接班制度，进一步提高制度的执行力，严格按照接班的相关要求，对设施设备设施进行安全检查，并定期对天车、平梁的连接件进行重点检查，发现隐患要及时消除，以保障作业安全。

案例 19

事故经过

2014 年 10 月 11 日晚 7 时 30 分，冷湖地区某项目组分成两组采集热释光样品（样品不能见光），其中一组乘坐白色猎豹越野车，包括项目负责人王某、驾驶员谢某等 5 人。该组在第二个设计采样点（305 省道 91 千米处），由于采样点在道路左侧，所以车辆采取逆向停靠在公路边，驾驶员打开了应急灯和近光灯，随即开展工作。20:40 左右，被一辆福特福克斯追尾，白色猎豹越野车成 180 度掉头侧翻，追尾车辆撞下公路。外聘驾驶员谢某第四节颈椎骨折，右侧第七根肋骨骨折；乘员余某鼻梁骨骨折；乘员李某、赵某、齐某受皮外伤、软组织挫伤。

事故原因

1. 驾驶员谢某安全意识淡薄，违反《道路交通安全法》，逆向停车，是造成这次事故的直接原因。

2. 车辆停放时，车上人员没有下车在安全区等候；车辆停放时，未开启危险警示灯、未在规定距离设置反光警示标志和路锥。

3. 对全员交通法规安全知识培训不到位，同车人员安全意识淡薄，安全互保意识不够，对谢某违反《道路交通安全法》的行为无人及时提醒。

事故教训

1. 加大对驾驶员和其他作业人员进行《道路交通安全法》等相关知识的教育培

训力度，进一步提高司乘人员安全责任意识。

2. 严格遵守《道路交通安全法》，不能逆向停车，不能占用道路有效路面停车。必须临时长时间停车时，应紧靠道路右侧停车，并开启危险报警闪光灯，在来车方向按规定距离设置危险警示标志，以保障道路交通安全。

案例 20

事故经过

2014 年 12 月 14 日上午 11 时 50 分许，某院工程分院南川东路地质灾害防治工程Ⅱ期抗滑桩施工现场发生一起井内坠落事故，造成 3 人不同程度受伤。南川东路地质灾害防治工程Ⅱ期主管部门为青海省国土资源厅，是特大型地质灾害防治项目，项目投资 600 万元，主要工程内容为抗滑桩 547 米，桩井截面 2 米×2.5 米，设计深度 10～24 米，桩数 30 根；给排水工程 600 米。

事故原因

1. 在抗滑桩施工中，对井口未进行安全防护或安全防护措施不到位，是造成这次事故的直接原因。

2. 施工前未对作业人员进行安全技术交底和危险有害因素辨识与告知，人工挖孔桩作业人员没有制定安全作业指导书。

3. 作业人员安全风险意识淡薄，对作业范围内存在的危险有害因素辨识不到位，没有能力及时发现和排除所存在的隐患和事故风险。

4. 现场安全监督不到位，安全监管人员进行作业现场日常检查时，对现场存在的各种安全隐患未能及时消除和治理等。

事故教训

1. 抗滑桩施工时，孔口应按规范设置刚性防护栏杆，锁扣梁应高出地面 30 厘米，或在设置 30 厘米的踢脚板；孔口作业人员应悬挂安全带。

2. 应建立健全安全生产隐患排查与治理制度，并确保其得到有效落实。

3. 加强对作业人员的安全教育培训，增强作业人员安全意识和个人安全防护能力，以保障安全生产的顺利实施。

案例 21

事故经过

2015 年 6 月 2 日下午 3 时左右，某分院在大柴旦矿业有限公司青龙滩采坑进行坑道钻探施工中，坑道钻2号机台班员陶某在进行钻探提钻作业中，因脚底打滑，匆忙间用左手抓住钻机时不慎与正在运转的链条接触，致使左手中指被卷入链条，中指指尖部分被切断。经省武警医院诊断为左中指末节绞压离断伤、左中指末节复合组织缺损。

事故原因

1. 该院现场管理混乱，是造成这次事故发生的直接原因。

2. 因现场清理不及时，造成地面湿滑，设备设施传动部位的安全防护缺失，作业人员的劳动防护用品配备不合理，如工作鞋不能起到防滑保护的作用。

3. 对员工的安全教育培训缺乏针对性和实效性，紧急情况下应急能力差。

事故教训

1. 钻探施工作业场地应保持整洁、防滑，还应采取防滑措施。

2. 机械设备的传动部位必须设置符合要求的防护罩或防护网，保障设备设施的安全正常运行。

3. 必须为作业人员配备符合作业环境的劳动防护用品，并要求作业人员正确穿戴，为作业安全提供基本保障。

案例 22

事故经过

2015年9月6日21:00，班长邵某接班正常钻进至190米左右，发现泵压不稳，在凌晨1:00左右邵某提钻更换钻头后又下钻孔内，由于上一回次内管岩心未打捞，又重新卸开机上钻杆，在下放钻杆时，钢丝绳突然抖动下滑，此时班员魏某左手扶着钻杆，发现钻杆下滑，右手急忙伸到钻杆底部并将右手的中指、食指放入钻杆内，想要拖住钻杆，此时班长邵某侧对着班员魏某进行操作，未注意到班员魏某右手伸到钻杆底部，而同班的班员张某发现并立即提醒，喊出“手不能放入钻杆底部”。班长邵某听见喊声立刻停止操作，但为时已晚，班员魏某的手指已被钻杆挤压到钻机的动力头上。后经格尔木人民医院诊断为右手中指骨折。

事故原因

1. 魏某违反操作规程，发生跑钻时强行抓钻杆，操作中手放入钻杆或岩心管底部，是造成这次事故的直接原因。

2. 班长邵某在操作过程中责任心不强，违章操作规程，注意力不集中，对魏某的操作未进行有效的指挥和协调。

3. 对员工安全知识和操作规程的教育培训缺乏针对性，作业人员对本岗位的危险有害因素不熟悉，对岗位安全操作规程的执行力层层衰减，现场安全管理比较混乱。

事故教训

1. 下降钻具发生跑钻时，孔口操作人员禁止抢插垫叉或强行抓、抱、兜钻杆，以免发生垫叉飞出或钻杆振动、下落冲击，引发伤害事故；操作中手不得放入钻杆底部。

2. 在项目开工前对作业人员应做好安全教育培训，在进行安全技术交底的同时，做好岗位危险有害因素告知，增强全员安全意识，提高个人防护能力。

3. 加强相关安全管理制度的教育与培训，增强安全生产管理制度的执行力，使作业人员都能够自觉遵守本岗位安全操作规程，为实现安全生产提供保障。

案例 23

事故经过

2015 年 9 月 19 日 15 时 30 分左右，某院职工金某在贵德县尕让乡进行宅基地测量时从底下有房梁的石棉瓦上走过，因石棉瓦承受不住重量塌陷，人从房上掉下来摔伤，导致胸 12 椎体压缩性骨折。

事故原因

1. 金某安全防护意识淡薄，违反了《野外测绘作业安全规程》，因石棉瓦承载力不足，在未采取任何安全保护和防护措施的情况下，在石棉瓦屋顶随意行走，是造成事故发生的直接原因。

2. 未对员工进行有针对性的安全教育和培训，未告知作业场所存在的危险因素，作业人员之间的互监互保责任未得到有效落实。

事故教训

1. 进行野外测绘作业时，应严格遵守《野外测绘作业安全规程》。

2. 进行建筑物测量时，应了解建筑物结构坚固程度和周围情况，尽量避免在建筑屋顶边缘行走作业。

3. 加强对作业人员的安全意识教育，提高作业人员在作业过程中的安全防护能力。

案例 24

事故经过

2016 年 9 月 25 日 9 时许，在青海省格尔木市拉陵灶火中游铜多金属矿普查项目的何某等7位施工人员将装水量为3.5吨的水罐用三脚架吊到货车上去拉水。在装水罐的过程中，由于水罐不平衡，接触到汽车的底端，于是7人将高端往下压。这时连接倒链的钢丝绳断裂，水罐坠落砸向何某头部及身体其他部位，安全帽也被砸破，其他人员立即将水罐撬开，将何某救出，伤者被救出后只出了两口气就无生命体征了。该项目负责人马上拨打120急救电话，并开车将伤者送往格尔木医院，途中和120急救车在格茫公路120千米处相遇，将伤者运往格尔木市人民医院。

事故原因

1. 何群等7位施工人员安全意识差，对钢丝绳出现断丝时未能及时发现，并继续违章指挥和违章作业，是造成这次事故的直接原因。

2. 安全监管和安全教育培训不到位，导致作业人员安全意识淡薄，使用不符合要求的钢丝绳，不按规章制度和安全操作规程进行作业，导致起吊不平衡，钢丝绳断裂，为这次事故的发生埋下了隐患。

事故教训

1. 作业前，应按吊物重量选用合适的机具、吊具、绳索和相关材料，起吊作业时必须设专人指挥，不得蛮干。

2. 起吊前应进行试吊，试吊时应检查各部件，能够保持物体重心平稳，在确认安全后方可继续操作。

3. 着力加强对作业人员的教育培训，按照不同工种、不同作业环境，进行有针对性的教育培训和岗位危险有害因素告知，增强作业人员安全意识，提高自我防护能力，为作业安全提供保障。

第七部分　地质勘查事故分析与预防措施

地质勘查(简称地勘)行业野外工作是国家基础性、先行性的工作,为了探索地球奥秘,为祖国寻找宝藏,地勘队员远离繁华的城市,踏遍了祖国的山山水水,或工作于层峦叠嶂的森林,或悬崖峭壁的高山,或不毛之地的戈壁荒滩,或波涛汹涌的大海,有时候工作地点人迹罕至、荒无人烟,而且还面对严寒酷暑、虫蛇叮咬的恶劣自然条件。尤其是野外钻探施工作业,24 小时连续工作,施工周期长,劳动强度大,地勘野外施工作业如何才能做到保障人身安全、实现安全生产的问题尤为重要。

分析发生的每一起生产安全事故的原因,不外乎是人的不安全行为、物的不安全状态、环境的不安全条件和管理上的缺陷。

物的不安全状态和环境的不安全条件中很大一部分是客观的因素,施工环境和地点、作业性质等因施工目的的需要,工作人员必须去面对,无法改变,只能去适应和尽力改善。由于地勘单位野外施工在安全管理中客观因素方面存在很大缺陷和不足,所以加强安全管理的任务十分艰巨。人的不安全行为和管理上的缺陷是主观因素,完善组织规章制度,弥补管理上的缺陷,加强职工安全教育培训,锻炼职工适应能力,增加职工的安全知识,提高职工的安全意识,杜绝主观因素造成的生产安全事故,弥补客观因素的缺陷,这就是地勘行业安全管理的主要任务。

一、造成“物的不安全状态”的原因

造成“物的不安全状态”除了设备维护、安全设施防护不到位和操作失误外,其实,背后往往有着更为深层次的原因。

1. 责任心不强,心存侥幸,不按规定程序、规程、标准检修、保养生产工具、机械。

2. 不吸取类似生产安全事故的教训,自认为自己的生产工具、设备是正常的、安全的,这样往往使得小隐患日积月累,最后变成一触即发的恶性事故隐患。

3. 短期经济利益驱使,将带病的生产设备设施勉强投入运行,在金钱和生产面前往往一时糊涂,做出要钱不要命的事情。

二、造成“人的不安全行为”的原因

造成“人的不安全行为”主要有违规违纪、冒险蛮干、违章指挥、安全教育不到位、疏忽大意等原因，归纳如下。

1. 不尊重科学、冒险蛮干。对规章制度熟视无睹，不以为然，而任何尝试性的冒险都可能造成危及生命的后果，是必须严格禁止的。

2. 违章指挥。失误是难免的，但违背客观规律瞎指挥，违反安全规程强迫作业人员冒险生产，冒险作业，拿作业人员的生命做赌注，去完成一时的生产任务和经济效益，这是不可原谅的错误。

3. 安全教育不到位。客观地说，每一个员工都想把工作干好，这也是每个员工应有的、起码的人生定位，但是想要做好本职工作，就要掌握各自岗位的基本技能和相关知识，这就必须经过上岗前、转岗前、复岗前的安全教育培训。但是，就是这个基本的法则，有的单位就是不重视，对这些培训教育往往敷衍了事，走过场，这是绝对不容许的，也是要付出高额代价的。

4. 麻痹大意，安全意识不强。人类在认识自然、探索自然的过程中付出的代价是惨痛的。在探索自然发生意外的同时，人们也得到了深刻的教训，但是，人们得到的教训就不需要再用意外来验证，否则，人们就未免太被动、太痛苦了。我们应该在工作中提高警惕，克服麻痹大意的思想，增强安全生产意识，掌握和遵循科学规律。只有这样，才可以使许多“意料之外”变为意料之中，在预防事故上从“必然王国”迈向“自由王国”。

三、预防事故发生的几点措施

1. 加大安全投入力度，尽量改善工作环境条件

地勘行业野外施工环境十分艰苦，客观的环境和物的不安全因素，有的虽然无法改变，但为保障安全生产，必须加大必要的安全投入，尽量改善职工工作环境条件，提高生产安全事故的预防能力，引进先进的技术设备、良好的交通工具和通信设施。尽可能降低职工的劳动强度，关心职工生活，多开展一些娱乐活动，改善吃住条件，让职工放松紧张的工作心态，热爱本职工作，感受到领导的体贴和关爱，这对安全生产有着十分重要的意义。

2. 健全单位安全管理制度和规范操作规程

在生产安全事故中，有85%以上是因为“三违”现象引起的，钻探施工生产过程中的主要事故类型是高空坠物和物体打击，占伤亡事故发生总数的60%以上。杜绝“三违”现象，健全规章制度，是安全管理工作的重点。做到操作规程规范化、管理制度化，约束职工的行为，使职工不管做什么都有行为准绳，养成良好的安全习惯。

3. 提高组织管理者和职工的安全素质

在一个企业中，领导的安全意识、安全心理素质和行为模式，对员工的行为有着

举足轻重的影响。企业主要靠各级领导进行管理，企业安全生产管理工作的好坏，直接与各级领导者对安全认识和重视程度有着密切关系。企业干部不具备良好的安全意识，不注重安全，就处理不好生产经营与安全等各项活动的关系；企业干部不懂安全技术和安全管理知识，就不可能提高企业的安全管理水平，就不能提出和采取有效的预防事故措施，就极有可能发生事故，给国家、社会、企业自身带来政治上、经济上的重大损失，给职工及其家庭带来痛苦。

4. 抓好机台的班组建设

班组是单位安全生产的细胞，应加强班组建设。选择思想素质高、技术业务熟练、责任心强的同志担任班组长，负责本班组的生产、安全管理工作。因为，班组长就工作在生产一线，他们所在的岗位都是影响安全生产的关键岗位。他们带领其他工人一起工作，工人的实际技术水平、工作心态他们最了解。班组长的工作水平和责任心，很大程度上能够决定和影响一个班组的安全生产工作。因此，对于班组长要加强管理，经常与他们进行沟通，在工作上和思想上为他们提供有力的支持和帮助。对他们工作中取得的成绩要大力予以表彰，对工作中出现的问题及时加以纠正。

5. 提高职工的安全意识

提高职工的安全意识是搞好安全管理工作的根本。职工的安全意识就是职工对安全的重要性、安全常识、安全规章制度的了解和掌握程度。安全意识不是与生俱来的，而是来自知识的学习与实践的积累。加强职工学习，加大安全宣传力度，才是提高职工安全意识最重要的途径。通过学习安全理论知识，增加职工的理性安全意识。了解生产安全事故危害，掌握事故发生的必然条件和预防事故方法等，提高职工对安全知识的理性认识；让职工亲眼看一看生产安全事故一幕幕真实图片，加强职工的感性认识，以达到提高职工安全意识的目的。

6. 安全生产做到早预防

每新到一处野外勘查施工，应该做好先行调查工作，了解当地的风俗习惯、自然气候环境、地理位置、自然灾害等情况，客观评估可能会对施工生产带来的影响，预先做好充分准备工作，以便配备相应的设施和制订相应措施方案，做到安全生产早准备早预防。

因地勘行业野外工作是国家的基础性、先行性的工作，野外施工环境条件千变万化、十分艰苦，狠抓安全管理工作、确保人身安全、保障生产顺利实施的任务是非常重要的。建立健全单位的安全规章制度是确保安全生产的组织保障；加强职工安全教育培训，提高职工的安全意识是保障安全生产的根本；提高组织管理者和职工的安全素质，领导高度重视安全，加大必要的安全资金投入是保障安全生产的前提；关心职工生活，让职工倍感领导的关爱，热爱本职工作，有着积极向上的心态，把全部身心投入工作中去，让安全意识时刻植根于职工的“心”中，职工心里面装着安全，时刻想着安全，是保障安全生产的基石。

附录一　生产安全事故报告和调查处理条例

（中华人民共和国国务院令第493号）

《生产安全事故报告和调查处理条例》已经2007年3月28日国务院第172次常务会议通过，现予公布，自2007年6月1日起施行。

总理　温家宝

2007年4月9日

生产安全事故报告和调查处理条例

第一章　总　则

第一条　为了规范生产安全事故的报告和调查处理，落实生产安全事故责任追究制度，防止和减少生产安全事故，根据《中华人民共和国安全生产法》和有关法律，制定本条例。

第二条　生产经营活动中发生的造成人身伤亡或者直接经济损失的生产安全事故的报告和调查处理，适用本条例；环境污染事故、核设施事故、国防科研生产事故的报告和调查处理不适用本条例。

第三条　根据生产安全事故（以下简称事故）造成的人员伤亡或者直接经济损失，事故一般分为以下等级：

（一）特别重大事故，是指造成30人以上死亡，或者100人以上重伤（包括急性工业中毒，下同），或者1亿元以上直接经济损失的事故；

（二）重大事故，是指造成10人以上30人以下死亡，或者50人以上100人以下重伤，或者5000万元以上1亿元以下直接经济损失的事故；

（三）较大事故，是指造成3人以上10人以下死亡，或者10人以上50人以下重伤，或者1000万元以上5000万元以下直接经济损失的事故；

（四）一般事故，是指造成3人以下死亡，或者10人以下重伤，或者1000万元以下直接经济损失的事故。

国务院安全生产监督管理部门可以会同国务院有关部门，制定事故等级划分的补充性规定。

本条第一款所称的“以上”包括本数，所称的“以下”不包括本数。

第四条　事故报告应当及时、准确、完整，任何单位和个人对事故不得迟报、漏报、谎报或者瞒报。

事故调查处理应当坚持实事求是、尊重科学的原则，及时、准确地查清事故经过、事故原因和事故损失，查明事故性质，认定事故责任，总结事故教训，提出整改措施，并对事故责任者依法追究责任。

第五条　县级以上人民政府应当依照本条例的规定，严格履行职责，及时、准确地完成事故调查处理工作。

事故发生地有关地方人民政府应当支持、配合上级人民政府或者有关部门的事故调查处理工作，并提供必要的便利条件。

参加事故调查处理的部门和单位应当互相配合，提高事故调查处理工作的效率。

第六条　工会依法参加事故调查处理，有权向有关部门提出处理意见。

第七条　任何单位和个人不得阻挠和干涉对事故的报告和依法调查处理。

第八条　对事故报告和调查处理中的违法行为，任何单位和个人有权向安全生产监督管理部门、监察机关或者其他有关部门举报，接到举报的部门应当依法及时处理。

第二章　事故报告

第九条　事故发生后，事故现场有关人员应当立即向本单位负责人报告；单位负责人接到报告后，应当于1小时内向事故发生地县级以上人民政府安全生产监督管理部门和负有安全生产监督管理职责的有关部门报告。

情况紧急时，事故现场有关人员可以直接向事故发生地县级以上人民政府安全生产监督管理部门和负有安全生产监督管理职责的有关部门报告。

第十条　安全生产监督管理部门和负有安全生产监督管理职责的有关部门接到事故报告后，应当依照下列规定上报事故情况，并通知公安机关、劳动保障行政部门、工会和人民检察院：

（一）特别重大事故、重大事故逐级上报至国务院安全生产监督管理部门和负有安全生产监督管理职责的有关部门；

（二）较大事故逐级上报至省、自治区、直辖市人民政府安全生产监督管理部门和负有安全生产监督管理职责的有关部门；

（三）一般事故上报至设区的市级人民政府安全生产监督管理部门和负有安全生产监督管理职责的有关部门。

安全生产监督管理部门和负有安全生产监督管理职责的有关部门依照前款规定上报事故情况，应当同时报告本级人民政府。国务院安全生产监督管理部门和负有安全生产监督管理职责的有关部门以及省级人民政府接到发生特别重大事故、重大事故的报告后，应当立即报告国务院。

必要时，安全生产监督管理部门和负有安全生产监督管理职责的有关部门可以越级上报事故情况。

第十一条 安全生产监督管理部门和负有安全生产监督管理职责的有关部门逐级上报事故情况，每级上报的时间不得超过 2 小时。

第十二条 报告事故应当包括下列内容：

（一）事故发生单位概况；

（二）事故发生的时间、地点以及事故现场情况；

（三）事故的简要经过；

（四）事故已经造成或者可能造成的伤亡人数（包括下落不明的人数）和初步估计的直接经济损失；

（五）已经采取的措施；

（六）其他应当报告的情况。

第十三条 事故报告后出现新情况的，应当及时补报。

自事故发生之日起 30 日内，事故造成的伤亡人数发生变化的，应当及时补报。道路交通事故、火灾事故自发生之日起 7 日内，事故造成的伤亡人数发生变化的，应当及时补报。

第十四条 事故发生单位负责人接到事故报告后，应当立即启动事故相应应急预案，或者采取有效措施，组织抢救，防止事故扩大，减少人员伤亡和财产损失。

第十五条 事故发生地有关地方人民政府、安全生产监督管理部门和负有安全生产监督管理职责的有关部门接到事故报告后，其负责人应当立即赶赴事故现场，组织事故救援。

第十六条 事故发生后，有关单位和人员应当妥善保护事故现场以及相关证据，任何单位和个人不得破坏事故现场、毁灭相关证据。

因抢救人员、防止事故扩大以及疏通交通等原因，需要移动事故现场物件的，应当做出标志，绘制现场简图并做出书面记录，妥善保存现场重要痕迹、物证。

第十七条 事故发生地公安机关根据事故的情况，对涉嫌犯罪的，应当依法立案侦查，采取强制措施和侦查措施。犯罪嫌疑人逃匿的，公安机关应当迅速追捕归案。

第十八条 安全生产监督管理部门和负有安全生产监督管理职责的有关部门

应当建立值班制度，并向社会公布值班电话，受理事故报告和举报。

第三章　事故调查

第十九条　特别重大事故由国务院或者国务院授权有关部门组织事故调查组进行调查。

重大事故、较大事故、一般事故分别由事故发生地省级人民政府、设区的市级人民政府、县级人民政府负责调查。省级人民政府、设区的市级人民政府、县级人民政府可以直接组织事故调查组进行调查，也可以授权或者委托有关部门组织事故调查组进行调查。

未造成人员伤亡的一般事故，县级人民政府也可以委托事故发生单位组织事故调查组进行调查。

第二十条　上级人民政府认为必要时，可以调查由下级人民政府负责调查的事故。

自事故发生之日起 30 日内（道路交通事故、火灾事故自发生之日起 7 日内），因事故伤亡人数变化导致事故等级发生变化，依照本条例规定应当由上级人民政府负责调查的，上级人民政府可以另行组织事故调查组进行调查。

第二十一条　特别重大事故以下等级事故，事故发生地与事故发生单位不在同一个县级以上行政区域的，由事故发生地人民政府负责调查，事故发生单位所在地人民政府应当派人参加。

第二十二条　事故调查组的组成应当遵循精简、效能的原则。

根据事故的具体情况，事故调查组由有关人民政府、安全生产监督管理部门、负有安全生产监督管理职责的有关部门、监察机关、公安机关以及工会派人组成，并应当邀请人民检察院派人参加。

事故调查组可以聘请有关专家参与调查。

第二十三条　事故调查组成员应当具有事故调查所需要的知识和专长，并与所调查的事故没有直接利害关系。

第二十四条　事故调查组组长由负责事故调查的人民政府指定。事故调查组组长主持事故调查组的工作。

第二十五条　事故调查组履行下列职责：

（一）查明事故发生的经过、原因、人员伤亡情况及直接经济损失；

（二）认定事故的性质和事故责任；

（三）提出对事故责任者的处理建议；

（四）总结事故教训，提出防范和整改措施；

（五）提交事故调查报告。

第二十六条 事故调查组有权向有关单位和个人了解与事故有关的情况，并要求其提供相关文件、资料，有关单位和个人不得拒绝。

事故发生单位的负责人和有关人员在事故调查期间不得擅离职守，并应当随时接受事故调查组的询问，如实提供有关情况。

事故调查中发现涉嫌犯罪的，事故调查组应当及时将有关材料或者其复印件移交司法机关处理。

第二十七条 事故调查中需要进行技术鉴定的，事故调查组应当委托具有国家规定资质的单位进行技术鉴定。必要时，事故调查组可以直接组织专家进行技术鉴定。技术鉴定所需时间不计入事故调查期限。

第二十八条 事故调查组成员在事故调查工作中应当诚信公正、恪尽职守，遵守事故调查组的纪律，保守事故调查的秘密。

未经事故调查组组长允许，事故调查组成员不得擅自发布有关事故的信息。

第二十九条 事故调查组应当自事故发生之日起 60 日内提交事故调查报告；特殊情况下，经负责事故调查的人民政府批准，提交事故调查报告的期限可以适当延长，但延长的期限最长不超过 60 日。

第三十条 事故调查报告应当包括下列内容：

（一）事故发生单位概况；

（二）事故发生经过和事故救援情况；

（三）事故造成的人员伤亡和直接经济损失；

（四）事故发生的原因和事故性质；

（五）事故责任的认定以及对事故责任者的处理建议；

（六）事故防范和整改措施。

事故调查报告应当附具有关证据材料。事故调查组成员应当在事故调查报告上签名。

第三十一条 事故调查报告报送负责事故调查的人民政府后，事故调查工作即告结束。事故调查的有关资料应当归档保存。

第四章　事故处理

第三十二条 重大事故、较大事故、一般事故，负责事故调查的人民政府应当自收到事故调查报告之日起 15 日内做出批复；特别重大事故，30 日内做出批复，特殊情况下，批复时间可以适当延长，但延长的时间最长不超过 30 日。

有关机关应当按照人民政府的批复，依照法律、行政法规规定的权限和程序，对事故发生单位和有关人员进行行政处罚，对负有事故责任的国家工作人员进行处分。

事故发生单位应当按照负责事故调查的人民政府的批复，对本单位负有事故责任的人员进行处理。

负有事故责任的人员涉嫌犯罪的，依法追究刑事责任。

第三十三条　事故发生单位应当认真吸取事故教训，落实防范和整改措施，防止事故再次发生。防范和整改措施的落实情况应当接受工会和职工的监督。

安全生产监督管理部门和负有安全生产监督管理职责的有关部门应当对事故发生单位落实防范和整改措施的情况进行监督检查。

第三十四条　事故处理的情况由负责事故调查的人民政府或者其授权的有关部门、机构向社会公布，依法应当保密的除外。

第五章　法律责任

第三十五条　事故发生单位主要负责人有下列行为之一的，处上一年年收入40%至80%的罚款；属于国家工作人员的，并依法给予处分；构成犯罪的，依法追究刑事责任：

（一）不立即组织事故抢救的；

（二）迟报或者漏报事故的；

（三）在事故调查处理期间擅离职守的。

第三十六条　事故发生单位及其有关人员有下列行为之一的，对事故发生单位处100万元以上500万元以下的罚款；对主要负责人、直接负责的主管人员和其他直接责任人员处上一年年收入60%至100%的罚款；属于国家工作人员的，并依法给予处分；构成违反治安管理行为的，由公安机关依法给予治安管理处罚；构成犯罪的，依法追究刑事责任：

（一）谎报或者瞒报事故的；

（二）伪造或者故意破坏事故现场的；

（三）转移、隐匿资金、财产，或者销毁有关证据、资料的；

（四）拒绝接受调查或者拒绝提供有关情况和资料的；

（五）在事故调查中作伪证或者指使他人作伪证的；

（六）事故发生后逃匿的。

第三十七条　事故发生单位对事故发生负有责任的，依照下列规定处以罚款：

（一）发生一般事故的，处10万元以上20万元以下的罚款；

（二）发生较大事故的，处20万元以上50万元以下的罚款；

（三）发生重大事故的，处50万元以上200万元以下的罚款；

（四）发生特别重大事故的，处200万元以上500万元以下的罚款。

第三十八条　事故发生单位主要负责人未依法履行安全生产管理职责，导致事故发生的，依照下列规定处以罚款；属于国家工作人员的，并依法给予处分；构成犯罪的，依法追究刑事责任：

（一）发生一般事故的，处上一年年收入30%的罚款；

（二）发生较大事故的，处上一年年收入40%的罚款；

（三）发生重大事故的，处上一年年收入60%的罚款；

（四）发生特别重大事故的，处上一年年收入80%的罚款。

第三十九条 有关地方人民政府、安全生产监督管理部门和负有安全生产监督管理职责的有关部门有下列行为之一的，对直接负责的主管人员和其他直接责任人员依法给予处分；构成犯罪的，依法追究刑事责任：

（一）不立即组织事故抢救的；

（二）迟报、漏报、谎报或者瞒报事故的；

（三）阻碍、干涉事故调查工作的；

（四）在事故调查中作伪证或者指使他人作伪证的。

第四十条 事故发生单位对事故发生负有责任的，由有关部门依法暂扣或者吊销其有关证照；对事故发生单位负有事故责任的有关人员，依法暂停或者撤销其与安全生产有关的执业资格、岗位证书；事故发生单位主要负责人受到刑事处罚或者撤职处分的，自刑罚执行完毕或者受处分之日起，5年内不得担任任何生产经营单位的主要负责人。

为发生事故的单位提供虚假证明的中介机构，由有关部门依法暂扣或者吊销其有关证照及其相关人员的执业资格；构成犯罪的，依法追究刑事责任。

第四十一条 参与事故调查的人员在事故调查中有下列行为之一的，依法给予处分；构成犯罪的，依法追究刑事责任：

（一）对事故调查工作不负责任，致使事故调查工作有重大疏漏的；

（二）包庇、袒护负有事故责任的人员或者借机打击报复的。

第四十二条 违反本条例规定，有关地方人民政府或者有关部门故意拖延或者拒绝落实经批复的对事故责任人的处理意见的，由监察机关对有关责任人员依法给予处分。

第四十三条 本条例规定的罚款的行政处罚，由安全生产监督管理部门决定。

法律、行政法规对行政处罚的种类、幅度和决定机关另有规定的，依照其规定。

第六章　附　则

第四十四条 没有造成人员伤亡，但是社会影响恶劣的事故，国务院或者有关地方人民政府认为需要调查处理的，依照本条例的有关规定执行。

国家机关、事业单位、人民团体发生的事故的报告和调查处理，参照本条例的规定执行。

第四十五条　特别重大事故以下等级事故的报告和调查处理，有关法律、行政法规或者国务院另有规定的，依照其规定。

第四十六条　本条例自2007年6月1日起施行。国务院1989年3月29日公布的《特别重大事故调查程序暂行规定》和1991年2月22日公布的《企业职工伤亡事故报告和处理规定》同时废止。

附录二　企业职工伤亡事故报告统计问题解答

劳办发〔1993〕140号

1. 什么是企业职工伤亡事故？

答：是指职工在劳动过程中发生的人身伤害、急性中毒事故。即职工在本岗位劳动，或虽不在本岗位劳动，但由于企业的设备和设施不安全、劳动条件和作业环境不良、管理不善，以及企业领导指派到企业外从事本企业活动，所发生的人身伤害（即轻伤、重伤、死亡）和急性中毒事故。

2. 什么是轻伤及轻伤事故？

答：轻伤是指造成职工肢体伤残，或某些器官功能性或器质性轻度损伤，表现为劳动能力轻度或暂时丧失的伤害。一般指受伤职工歇工在一个工作日以上，但够不上重伤者。

轻伤事故是指一次事故中只发生轻伤的事故。

3. 什么是重伤及重伤事故？

答：重伤是指造成职工肢体残缺或视觉、听觉等器官受到严重损伤，一般能引起人体长期存在功能障碍，或劳动能力有重大损失的伤害。

重伤事故是指一次事故中发生重伤（包括伴有轻伤）、无死亡的事故。

4. 什么是死亡事故和重大死亡事故？

答：死亡事故是指一次事故中死亡职工1～2人的事故。重大死亡事故是指一次事故中死亡3人以上（含3人）的事故。

5. 什么是急性中毒故事？

答：急性中毒是指生产性毒物一次或短期内通过人的呼吸道、皮肤或消化道大量进入体内，使人体在短时间内发生病变，导致职工立即中断工作，并须进行急救或死亡的事故。

急性中毒的特点是发病快，一般不超过一个工作日，有的毒物因毒性有一定的潜伏期，可在下班后数小时发病。

6. 什么是企业？

答：企业是指从事商品生产、流通、经营和服务性经济活动，以盈利为目的，并在工商行政管理部门登记注册的独立核算单位。

7. 何为独立核算单位？

答：独立核算单位是指经济上、行政上独立的单位。独立核算单位的条件是：行政上有独立的组织形式；独立核算盈亏，独立编制资金平衡表或会计预算决算表；有权与其他单位签订合同；在银行设有独立的户头。

8. 什么叫单独核算单位？

答：单独核算单位是指行政上受独立核算单位的领导，但单独组织生产、经营或业务活动，单独核算本单位的盈亏，掌握收入核算明细资料的附属单位。

9. 什么是法人？

答：法人是具有民事权利能力和民事行为能力，依法独立享有民事权利和承担民事义务的组织。

法人应具有下列条件：(1)依法成立；(2)有必要的财产或者经费；(3)有自己的名称、组织机构和场所；(4)能够独立承担民事责任。

法人可分为企业法人和机关、事业单位及社会团体法人。

10. 企业职工伤亡事故的报告统计范围包括哪些企业？

答：企业职工伤亡事故的报告统计范围，是指在中华人民共和国境内的一切企业。具体包括国有企业、城镇集体企业（含劳动就业服务公司）、乡村集体企业、其他各种经济类型企业（含“三资”企业、不同经济类型的紧密联营企业、独立核算的股份制企业等）以及私营企业。

11. 城镇集体企业和乡村集体企业如何划分？乡镇矿山应属于哪种企业？

答：凡由乡（包括镇）、村农民集资举办的企业为乡村集体企业，除此之外的各种行业、各种组织形式的集体企业均为城镇集体企业。乡镇矿山应属于乡村集体企业。

12. 个体矿山发生伤亡事故是否应当统计？如何统计？

答：个体矿山发生伤亡事故应予以统计。无证的个体矿山应统计在补充资料栏内，有证的个体矿山统计在私营企业栏内。

13. 矿山企业办的工厂和工厂办的矿山企业发生伤亡事故，应如何报告统计？

答：矿山企业办的工厂，只要该工厂还未能作为独立核算单位存在，发生职工伤亡事故应由开办该工厂的矿山企业统一报告统计；工厂办的矿山企业只要该矿山企业没有成为独立核算的企业，发生职工伤亡事故则由开办该矿山的工厂统一报告统计。但冶金系统钢铁公司（厂）的矿山企业除外，其发生职工伤亡事故按矿山企业报告统计。

14. 党政机关、事业单位（含各类学校）和社会团体办的企业和劳动就业服务企业（独立核算的），发生伤亡事故是否报告统计？

答：应予报告统计。按其登记注册的企业性质报告统计。

15. 各种企业办的劳动就业服务企业发生伤亡事故如何报告统计？

答:各种企业办的劳动就业服务企业,凡属独立核算的企业,由发生事故的企业按城镇集体企业报告统计,未实行独立核算的企业由主办单位统一报告统计。但国有矿山企业的劳动服务公司开办的矿山,经济上不实行独立核算的,或虽为独立核算,但产量、产值计入国有矿山企业的总产量、总产值的,则应随同该国有矿山企业一并报告统计。

16. 国有与国有、集体与集体、国有与集体、国有与私人、集体与私人等合营的单位,发生伤亡事故,应如何报告统计?

答:具备法人条件,独立核算的紧密型联营企业发生的伤亡事故,按联营后新企业性质报告统计;具有相同经济性制的联营企业,仍按原经济性质报告统计;不同经济性质的联营企业,填入"其他经济"栏内。不具备法人条件的半紧密型联营企业发生的伤亡事故,仍按其原企业性质各自报告统计。

17. 劳改、劳教系统所属的生产单位发生伤亡事故,应如何报告统计?

答:劳改系统生产单位的职工或刑满就业、劳教期满企业留用的人员及正在劳改、劳教中的人员发生伤亡事故均应报告统计。劳改、劳教中的人员统计在"非本企业人员"栏内。

18. 外资企业、中外合资企业、中外合作企业、华侨或港澳台工商业者经营的企业,发生伤亡事故,如何报告统计?

答:凡在中国境内的上述企业,发生伤亡事故后,应同国内的其他企业一样,进行报告统计。其中外籍职工及港澳台职工也按本企业人员进行报告统计。

19. 股份制企业发生职工伤亡事故,应按哪种经济企业填报?

答:凡在工商行政管理部门登记注册的独立核算的股份制企业,发生伤亡事故,按股份制企业报告统计,填入"其他经济"栏内。不具备上述条件的股份制企业,仍按原企业经济性质各自报告统计。

20. 采盐企业发生伤亡事故应如何统计?

答:采盐企业发生伤亡事故应计入非矿山企业职工伤亡事故月(年)报表里的"采掘"合计数内。

21. 移山填海工程爆破作业中发生伤亡事故是否归矿山统计?

答:不属矿山统计范围。

22. 水利、电力、铁路、公路的施工单位打隧道过程中发生职工伤亡事故,应如何统计?

答:以凿掘为主的井巷施工单位、隧道工程单位在打隧道的过程中发生职工伤亡事故,应填报在《矿山企业职工伤亡事故月(年)报表》的"其他"行业一栏中。

23. 非矿山企业职工伤亡事故月(年)报表里的制造业还包括哪些行业?

答:除制造业"其中"栏里已列出的八类行业外,还包括以下各类行业:食品、饮料、饲料和烟草制造业;缝纫业;皮革、毛皮及其制品业;木材加工及竹、藤、棕、草制品业；家具制造业；印刷业；文教体育用品制造业；工艺美术品制造业；电力、蒸汽、热水生产和供应业；煤气及煤制品业；医药工业；化学纤维工业；橡胶制品业；塑料制品业；金属制品业；其他工业。

上述各类行业的企业发生伤亡事故，一律计入制造业合计数内。

24. 非矿山企业职工伤亡事故月（年）报表里的建筑业中“勘察设计”指的是哪些企业？

答：是指勘察设计中从事生产经营活动的勘察公司。

25. 非矿山企业职工伤亡事故月（年）报表里的“其他”项包括哪些企业？

答：房地产开发企业；居民服务企业；市内公共交通企业；文化企业（包括校办企业）；金融、保险企业（不包括中国人民银行总行）；技术性开发企业；综合性开发企业等。

26. 报表中矿山企业的矿产种类如何划分归类？

答：依据矿山企业的一种主产矿产品，按国际 GB 4754—84 划分归类。

27. 企业发生轻伤事故应如何报告统计？

答：企业发生轻伤事故后，应由负伤者或事故现场有关人员将事故发生的时间、地点、经过、原因等，立即报告车间主任（工段长），由车间主任（工段长）在当日（或当班）下班前报告企业负责人和厂安技部门。

单纯的轻伤事故暂不填报《企业职工伤亡事故月（年）报表》。

28. 企业发生重伤事故应如何报告统计？

答：企业发生重伤事故后，负伤者或事故现场有关人员应当立即直接或逐级报告企业负责人。企业负责人接到事故报告后，应当立即用快速办法（最迟不超过 24 小时），报告企业主管部门和当地劳动部门及有关部门。

企业应在每月 3 日前、每年 1 月 10 日前将上月（年）《企业职工伤亡事故月（年）报表》送当地劳动部门、企业主管部门及工会组织。在重伤事故统计时包括重伤事故中的轻伤人数。

29. 企业发生死亡和重大死亡事故应如何报告统计？

答：企业发生死亡事故和重大死亡事故后，负伤者或事故现场有关人员应当立即直接或逐级报告企业负责人。企业负责人接到报告后，应当立即报告企业主管部门和企业所在地劳动部门、公安部门、人民检察院、工会。企业主管部门和劳动部门接到死亡、重大死亡事故报告后，应立即用快速办法，按系统逐级上报；死亡事故报至省、自治区、直辖市企业主管部门和劳动部门；重大死亡事故由省、自治区、直辖市企业主管部门、劳动部门在 24 小时内用电话、电报、传真等快速办法分别报告企业主管部、委和劳动部，企业主管部、委接到事故报告后，也应立即用电话报告劳动部。

企业应在每月 3 日前、每年 1 月 10 日前将上月（年）《企业职工伤亡事故月（年）报表》送当地劳动部门、企业主管部门及工会组织。在死亡事故统计时包括事故中的重伤、轻伤人数。

30. 对于“国家机关、事业单位、人民团体发生的伤亡事故参照执行”应如何理解?

答:国家机关、事业单位、人民团体发生职工伤亡事故后,应按照《企业职工伤亡事故报告和处理规定》对事故进行报告、调查处理,查明事故发生的原因,明确责任,提出防范措施。劳动部门一般不做伤亡事故统计。

31. 军队办的企业、军队与地方联办的企业发生伤亡事故,如何报告统计?

答:军队办的企业,包括家属工厂、矿、劳动服务公司等,以及军队与地方联办的企业,如果这些企业是在地方工商行政部门登记注册的,发生伤亡事故后,均应按企业性质进行报告统计。

伤亡人员系现役军人的,统计在“非本企业人员”栏内。

32. 企业职工伤亡事故报告统计对象包括哪些人员?

答:由企业支付工资的各种用工形式的职工,包括固定职工、合同制职工、临时工(包括企业招用的临时农民工)等,发生伤亡均应统计,填写在“本企业职工栏”内。事故伤及的本企业以外人员、行人、居民等,统计在“非本企业职工”栏内。

33. 企业外人员以个人名义承包企业某项工程发生伤亡事故,应如何报告统计?

答:企业外人员以个人名义承包企业某项工程发生伤亡事故,应由发包企业按职工伤亡事故报告统计,并统计在“非本企业人员”栏。

34. 报表中“非本企业人员”的范围包括哪些人员?是否计入伤亡人数合计中?

答:“非本企业人员”系指本企业以外的人员。包括代训工、实习生、民工、参加本企业生产的学生、现役军人,到企业进行参观、检查工作或进行其他公务的人员,劳改、劳教中的人员,外来救护人员以及由于事故而造成伤亡的居民、行人等。在劳安 1-1 表中应计入“伤亡人数总计”,在劳安 1-2 表中应计入“伤亡合计”。

35. 什么叫民工?

答:根据国务院〔1981〕181 号文件规定,经省、自治区及直辖市批准有计划从农村就近动用参加铁路、公路、输油输气管线、水利等大型土石方工程工作,工程结束后立即辞退,不得调往新施工地区的人员,叫民工。

企业从农村录用的农民轮换工、临时农民工均不属于民工。

36. 企业发生火灾伤亡事故及救火过程中有人员伤亡,如何报告统计?

答:企业发生火灾事故及在扑救火灾过程中造成本企业职工伤亡或非本企业的人员伤亡,都应报告统计。伤亡的非企业人员填在“非本企业人员”栏内。

37. 企业职工参加社会上的抢险救灾时发生伤亡事故,是否报告统计?

答:不属本企业伤亡事故报告统计范围。

38. 企业内食堂、幼儿园、医务室、俱乐部等部门职工或企业职工在企业的浴室、休息室、更衣室以及企业的倒班宿舍、临时休息室等场所发生伤亡事故，是否报告统计？

答：凡由于企业管理不善或安全防护设施不健全而造成的职工伤亡事故，都应作为企业职工伤亡事故进行报告统计。

39. 职工乘坐本企业交通工具在外执行任务或乘坐本企业通勤机车、船上下班途中发生交通事故，造成人员伤亡，是否报告统计？

答：职工乘坐本企业交通工具在企业外执行本企业的任务或乘坐本企业通勤机车、船上下班途中，发生的交通事故，造成人员伤亡，不论交通部门是否报告统计，均由本企业按职工伤亡事故报告统计。因搭乘上述交通工具而伤亡的本企业以外人员，应统计在“非本企业人员”栏。

40. 职工乘坐本企业车辆参加集体活动，因车辆失火、爆炸造成职工伤亡，是否报告统计？

答：职工乘坐本企业车辆参加企业安排的集体活动，如旅游、文娱体育活动等，因车辆失火、爆炸造成职工伤亡的，均应按企业职工伤亡事故进行报告统计。

41. 企业租赁的各种运输车辆和聘用的司机，在执行该企业的生产任务时发生伤亡事故，如何报告统计？

答：企业租赁及借用的各种运输车辆，包括司机或另聘司机，执行该企业的生产任务，发生伤亡事故应按本企业职工报告统计。

42. 借调职工在劳动过程中发生伤亡事故，如何报告统计？

答：借调外单位职工到本企业工作发生伤亡事故，不论其工资由哪个企业支付，借调时间长短，也不论双方企业的经济类型如何，均由借人企业按本企业职工伤亡事故报告统计，并统计在“本企业人员”栏。

43. 停薪留职职工和已离休的人员，又被原企业或外企业聘用工作，发生伤亡事故，应如何报告统计？

答：到哪个企业工作发生的伤亡事故，就由哪个企业按照本企业职工伤亡事故进行报告统计。

44. 职工在病假、事假或公休假期间自行到外企业工作发生伤亡事故如何报告统计？

答：到哪个企业工作发生的伤亡事故，就由哪个企业按照本企业职工伤亡事故进行报告统计。

45. 职工利用业余时间以承包形式完成本企业临时任务发生伤亡事故，应如何报告统计？

答：职工利用业余时间，采取承包形式，完成本企业临时任务发生伤亡事故，无论伤及本企业职工还是雇用的外单位人员，均由本企业按职工伤亡事故报告统计。

46. 职工在企业外执行领导指派的任务时，擅自做与任务无关的事情发生事故,是否报告统计?

答:职工在企业外执行领导指派的任务时,因擅自做与任务无关的事情,如游泳、射猎、钓鱼、抓鸟等。而发生的伤亡事故,不按职工伤亡事故进行报告统计。

47. 企业职工因违反劳动纪律造成伤亡事故,是否按伤亡事故报告统计?

答:由于职工违反劳动纪律而发生伤亡事故,其中属于在劳动过程中发生的,或者虽不在劳动过程中,但与企业设备有关的,都应报告统计。

48. 职工负伤后,在医疗过程中死亡,如何报告统计?

答:职工负伤后,在30天内死亡的(因医疗事故而死亡的除外,但必须得到医疗事故鉴定部门的确认),均按死亡事故报告统计。如果来不及在当月统计的,应在下月补报;超过30天死亡的,不再进行补报和统计。

49. 企业职工受轻伤后转为重伤者,是否按重伤事故报告统计?

答:职工受轻伤后,在30天内转为重伤的(因医疗事故转为重伤的除外,但必须得到医疗事故鉴定部门的确认),均按重伤事故报告统计。如果来不及在当月统计,应在下月补报;过30天的,不再补报和统计。

50. 企业职工在劳动过程中因病导致受伤、死亡是否报告统计?

答:职工在劳动过程中因病导致伤亡,经县级以上医院诊断和劳动部门的调查,确认系职工本人疾病造成的,不按职工伤亡事故报告统计。

51. 企业内部实行承包或租赁经营的实体发生伤亡事故,由谁报告统计?

答:不论企业实行何种承包、租赁等经营管理形式,发生的伤亡事故,均由企业负责报告统计。

52. 分承包工程的企业,在施工过程中发生职工伤亡事故,应如何报告统计?

答:凡独立核算的分承包企业发生伤亡事故,由分承包企业负责报告统计。不是独立核算的企业由总承包企业负责报告统计。

53. 两个以上企业在同一生产区域、同一作业场所(含工矿企业内的铁路专用线)作业,发生职工伤亡事故应如何报告统计?

答:交叉作业发生事故时,由事故主要责任方报告统计。报告期内主要责任分不清的,暂由各企业自行统计各自的伤亡人数,但要注明发生事故的时间、地点,说明与哪一次事故为同一事故;基层劳动部门应作为一次事故统计上报。

54. 跨地区承包的建筑施工企业,在施工过程中发生伤亡事故,应如何报告统计?

答:跨省施工企业发生职工伤亡事故后,应由事故发生地的劳动部门负责报告统计,事故报告抄送施工单位注册所在地劳动部门。

55. 一个地区的火车、飞机、轮船(包括远洋运输、捕捞的船舶)行驶、飞行到另一个地区发生职工伤亡事故,由哪个地区报告统计?

答:火车由机车(车辆)所在分局、飞机由所在航空公司、轮船由所在船舶公司事故发生地劳动部门负责快报，注册所在地劳动部门负责报告统计。

56. 客运行业的企业（轮船、飞机、客运列车、公共汽车等）发生的伤亡事故，应如何报告统计？

答：伤及的职工及非本企业人员均应进行报告，但月（年）报中只统计本企业职工。

57. 在内河、海上作业的企业职工发生伤亡事故，是否报告统计？落水失踪的，如何报告统计？

答：按职工伤亡事故报告统计；作业中已发现或证实是落水失踪，虽未捞获尸体，均应按死亡事故报告统计。

58. 核电等生产性企业发生职工伤亡事故是否报告统计？

答：核电等生产性企业发生职工伤亡事故，应进行报告统计。

59. 因设备、产品不合格，使用单位在使用过程中发生伤亡事故，应由谁报告统计？

答：设备、产品不合格或安装不合格等因素造成使用单位发生伤亡事故，不论其责任在哪一方，均由发生职工伤亡事故的企业报告统计。

60. 填报当月事故报表时，主要事故原因暂时不能确定，应如何填报？

答：为不影响当月报表按期报出，可把原因尚未确定的事故的伤亡人数填在事故原因（即表二和表四的宾栏）中的“其他”一栏，待填报年报表时再予以更正。

61. 无营业执照的小鞭炮厂（作坊）、小煤矿（窑）等单位发生伤亡事故是否报告统计？

答：这类单位发生伤亡事故后，应进行报告统计。

62.《矿山企业职工伤亡事故统计表》表二的统计是否包括无证矿？

答：包括无证矿。

63. 企业在国外承包工程期间发生职工伤亡事故，是否报告统计？

答：暂不报告统计。

64. 报表中的“损失工作日”如何填报？

答：按损失工作日统计标准填报。报表中的损失工作日为本企业人员及非本企业人员死伤的损失工作日的总和。

65. 企业发生伤亡事故，直接经济损失中固定资产的损失如何统计？

答：根据国标《企业职工伤亡事故经济损失统计标准》（GB 6721—1986）规定，固定资产的统计分两种情况进行统计：(1)报废的固定资产，以固定资产净值减去残值计算；(2)损坏的固定资产，以修复费用计算。

66. 百万吨死亡率中的死亡人数如何计算？

答：计算百万吨死亡率的死亡人数是指煤矿原煤生产工艺过程中，各类用工制度人员事故死亡人数的总和。

67.《企业职工伤亡事故月(年)报表》中的C表是否需要汇总上报?

答:《企业职工伤亡事故月(年)报表》中的C表,是各级劳动部门汇总后向政府及有关部门提供本辖区伤亡事故的统计报告的参考表式。各省、自治区、直辖市劳动部门不须上报C表到劳动部。地(市)、县劳动部门是否将C表报上一级劳动部门,由各地自行规定。

注:本文发布于1993年,有些内容发生了变化,但跟现行相关规定没有矛盾,供参考。